W0258666

Rüdiger Seydel  Roland Bulirsch

# Vom Regenbogen zum Farbfernsehen

Höhere Mathematik in Fallstudien
aus Natur und Technik

Mit 76 Abbildungen

Springer-Verlag Berlin Heidelberg New York
London Paris Tokyo

Professor Dr. Rüdiger Seydel
Institut für Angewandte Mathematik und Statistik der Universität
Am Hubland, 8700 Würzburg

Professor Dr. Roland Bulirsch
Mathematisches Institut der Technischen Universität
Arcisstraße 21, 8000 München 2

Mathematics Subject Classification (1980): 00 A 69, 00 A 06, 00 A 07

ISBN-13:978-3-540-16900-0          e-ISBN-13:978-3-642-71449-8
DOI: 10.1007/978-3-642-71449-8

CIP-Kurztitelaufnahme der Deutschen Bibliothek
Seydel, Rüdiger:
Vom Regenbogen zum Farbfernsehen : höhere
Mathematik in Fallstudien aus Natur u. Technik /
Rüdiger Seydel ; Roland Bulirsch. –
Berlin ; Heidelberg ; New York ; London ; Paris ; Tokyo : Springer, 1986.
ISBN-13:978-3-540-16900-0

NE: Bulirsch, Roland:



2144/3140-543210

# Vorwort

Stellt man heute einen Studenten einer naturwissenschaftlich - technischen Richtung im ersten Semester vor die Aufgabe, Alltagsprobleme mathematisch zu behandeln, so wird man - von rühmlichen Ausnahmen abgesehen - häufig auf Unverständnis stoßen. Ja, daß man praktische Probleme überhaupt mathematisch beschreiben kann, verursacht vielfach Erstaunen. Trotz aller modischen Strömungen, von denen auch naturwissenschaftliche Disziplinen und selbst die Mathematik heimgesucht werden, stehen die Hochschulen noch immer in der Pflicht, ihren Studierenden in Vorlesungen, Übungen und Praktika ein einigermaßen realitätsnahes Bild der Wirklichkeit zu vermitteln. Auch die Mathematik ist diesem Zwang unterworfen, ein Zwang, der recht fruchtbar und heilsam sein kann.

Damit ist schon einer der Zwecke des vorliegenden Buches genannt: Dem Studenten zu zeigen, daß Mathematik überall um ihn herum im Alltag zu finden ist. Die Beispiele sind bewußt so ausgewählt: Jeder hat schon einmal einen Regenbogen gesehen, eine Schallplatte abgehört, vor dem Farbfernseher gesessen. Daß sich dahinter manchmal sogar sehr viel Mathematik verbirgt, wer ahnt das schon. Zwar sind die Beispiele nicht immer einfach, doch reichen zur Bewältigung Mathematikkenntnisse aus, wie sie in den Anfangssemestern vermittelt werden, teilweise sogar von der Schule her bekannt sind: Differential- und Integralrechnung einer und mehrerer Veränderlicher, Differentialgleichungen. Eines muß man freilich voraussetzen: Den flüssigen Umgang mit dem *Kalkül*, d.h. dem Formelapparat der Differential- und Integralrechnung. Es wird nicht viel helfen, selbst bei einfachen Formeln immer wieder in der Formelsammlung nachzusehen. Man käme auch nicht auf die Idee, komplizierte fremdsprachliche Texte ohne alle Sprachkenntnisse allein mit dem Wörterbuch zu übersetzen.

Im einzelnen werden im vorliegenden Buch Funktionsprinzipien von einigen für das tägliche Leben bedeutsamen Vorgängen diskutiert. Die ausgewählten Themen umfassen sowohl Beispiele aus der Natur, wie die Funktion von Herz und Nerven, als auch mehr technische Dinge wie das Stereosignal. Neben eher einfachen Konstruktionen, z.B. dem Tonarm eines Plattenspielers, werden auch komplizierte Vorgänge behandelt, wie etwa das Farbfernsehen. Manches ist abstrakt wie die Verzerrungen in Verstärkern, anderes mehr anschaulich wie der Regenbogen. Insgesamt 14 Themen werden diskutiert.

Zur Beschreibung der jeweiligen Funktionsprinzipien sind Begriffe
wie Phasensprung, Grenzzykel, Oberschwingung, Randmaxima oder Rei-
henentwicklung verwendet worden. Diese Phänomene können in der notwendigen Klarheit nur in der Sprache der Mathematik erläutert werden. Entsprechend sind die Ziele dieses Buches gesetzt: Durch das
Studium mathematischer Fragestellungen soll das Verständnis wesentlicher Aspekte der behandelten Fälle gefördert werden. In gewissem
Sinn ist das in den vorliegenden Fallstudien verwendete mathematische Handwerkszeug Teil einer "Mathematik des täglichen Lebens".

Der Kern jeder Fallstudie ist in einer oder mehreren Aufgaben zusammengefaßt und gelegentlich stärker vereinfachend formuliert. Die
hier entwickelten Aufgaben (insgesamt 26) haben sich im Rahmen der
Übungen zum Vorlesungszyklus über *Höhere Mathematik* an der Technischen Universität München wiederholt bewährt. Die in die Fallstudien eingestreuten Aufgaben lassen dieses Buch auch zum Selbststu-
dium geeignet erscheinen: Der Leser sollte dabei mit Papier und
Bleistift lesen, nach dem Studium jeder Aufgabe mit der Lektüre in-
nehalten und sich zunächst selbst an der Lösung versuchen. Auf diese Weise werden einerseits wichtige Gebiete angewandter Mathematik
eingeübt, andererseits wird das Verständnis der zum Teil recht
schwierigen Probleme erleichtert, zumal bei den Rechnungen nicht
alle Zwischenschritte aufgeführt werden.

Die Reihenfolge der Fallstudien versucht mit einer Aufteilung nach
Themenstellung, mathematischen Methoden und aufsteigender Schwierig-
keit gleichzeitig verschiedenen Kriterien gerecht zu werden. Die jeweils zur Bearbeitung benötigten mathematischen Kenntnisse werden im
Anhang in einer Tabelle aufgelistet. Diese Kenntnisse werden durch
die oben erwähnten Vorlesungen bzw. die einschlägigen Lehrbücher zur
Höheren Mathematik vermittelt, im Anhang finden sich einige Litera-
turhinweise.

Eines wünschen wir uns: Daß die Leser dieselbe Freude am Lösen der
Aufgaben haben, wie wir sie gehabt haben.

Die Verfasser sind Frau D. Jahn und Frau A. Bußmann, die mit Umsicht
und Sorgfalt die Schreibarbeiten dieser sowie einer früheren Fas-
sung ausführten, zu Dank verpflichtet.

München/Würzburg, März 1986                      R. Seydel   R. Bulirsch

# Inhaltsverzeichnis




## Anhang

# Regenbogen

Fallen die Strahlen der Sonne auf fein verteilte Wassertröpfchen,
kann man, so man sich an einem günstigen Standort befindet, ein
prächtiges Naturereignis bewundern: den Regenbogen. Dieses Schauspiel
ist schon im kleinen bei einem Wasserfall oder beim Rasensprengen
sichtbar; die Wirkung ist natürlich weitaus großartiger bei Regen,
wenn der Bogen - die Brücke vom Himmel zur Erde hatten ihn die alten
Völker genannt - in leuchtenden Farben am Himmel erscheint.

Die Höhe des Bogens am Himmel, manchmal sieht man dort sogar zwei
Bögen, läßt sich berechnen, dabei wird auch deutlich, wie dieser far-
bige Bogen entsteht.

Zur Erklärung dieses Phänomens können wir uns sowohl auf geometrische
Beziehungen als auch auf Extremalprinzipien stützen. Das Ineinander-
greifen dieser beiden mathematischen Aspekte wollen wir zunächst bei
der Lichtbrechung studieren. Das Brechungsgesetz (Snellius 1621) ist
für die Entstehung des Regenbogens von grundlegender Bedeutung. -
Ohne Beschränkung der Allgemeinheit läßt sich das Brechungsgesetz an
dem folgenden speziellen Fall erläutern:

*Aufgabe 1:*

### Brechungsgesetz von Snellius

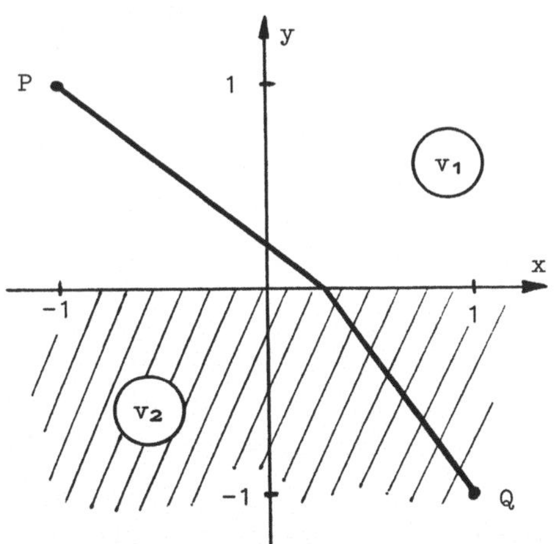


Ein Lichtstrahl wer-
de auf dem Weg von
$P = (-1,1)$ nach
$Q = (1,-1)$ an der
x - Achse gebrochen.
Aus der Forderung,
daß er seinen Weg
in minimaler Zeit
zurücklegen soll,
leite man das Bre-
chungsgesetz der
Optik ab.

(Die Geschwindigkeit des Lichtstrahles sei $v_1$ für $y > 0$ und
$v_2 (< v_1)$ für $y < 0$. )

Der Lichtstrahl durchstößt die Trennfläche beider Medien im Punkt
$S = (x,O)$ . Das Licht hat somit
die Strecken

$$\overline{PS} \;=\; \sqrt{(1 + x)^2 + 1} \;=\; \frac{1 + x}{\sin \alpha_1}$$

$$\overline{SQ} \;=\; \sqrt{(1 - x)^2 + 1} \;=\; \frac{1 - x}{\sin \alpha_2}$$

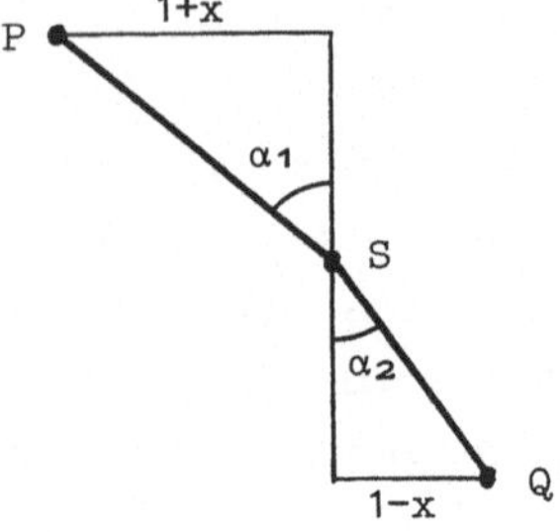


zurückzulegen.  Die Brechungswinkel
$\alpha_1$, $\alpha_2$  hängen von  $x$  ab:
$\alpha_1(x)$, $\alpha_2(x)$ .

Die Gesamtzeit  $T$ , die der Lichtstrahl von  $P$  nach  $Q$  benötigt,
setzt sich aus den Quotienten von Weg und Geschwindigkeit zusammen,
also

$$T(x) \;=\; \frac{\overline{PS}}{v_1} + \frac{\overline{SQ}}{v_2} \;=\; \frac{1}{v_1} \sqrt{(1 + x)^2 + 1} + \frac{1}{v_2} \sqrt{(1 - x)^2 + 1} \quad .$$

Ein Extremum dieser Funktion ist bestimmt durch die Beziehung

$$O \;=\; \frac{dT}{dx} \;=\; \frac{1}{v_1} \frac{x + 1}{\sqrt{(1 + x)^2 + 1}} \;+\; \frac{1}{v_2} \frac{x - 1}{\sqrt{(x - 1)^2 + 1}} \;=\;$$

$$=\; \frac{1}{v_1} \sin \alpha_1 \;-\; \frac{1}{v_2} \sin \alpha_2 \quad .$$

Hieraus folgt das Brechungsgesetz

$$\frac{v_1}{v_2} \;=\; \frac{\sin \alpha_1}{\sin \alpha_2} \quad .$$

Für große Werte von  $|x|$  ist die Zeit  $T(x)$  groß. Also ist klar,
daß es sich bei dem Extremum um ein Minimum handeln muß.


Wir wollen nun die Entstehung des Regenbogens erläutern (vgl. die
Skizze in Aufgabe 2). Ein Lichtstrahl der auf einen als kugelförmig
angenommenen Regentropfen trifft, wird zum einen Teil reflektiert,
zum anderen Teil ins Innere gebrochen. Der innere Teilstrahl wird,
wenn er erneut die Oberfläche berührt, zum Teil ins Innere reflektiert, zum Teil verläßt das Licht den Wassertropfen. Diese Reflek-
tion kann sich noch einige Male wiederholen, die Stärke des inneren

Reststrahles nimmt dabei ab. Der Beobachter sieht insbesondere die Strahlen, die den Tropfen nach genau dreimaliger Berührung bzw. Durchdringung der Oberfläche (also eine Reflexion) verlassen; diese Strahlen bilden den Hauptregenbogen. Der schwächere Nebenregenbogen entsteht durch die Strahlen, welche die Oberfläche des Tropfens viermal berühren bzw. durchsetzen; dies entspricht einer zweimaligen Reflexion ins Innere. Der betrachtete Regentropfen wird auf seiner ganzen Halbfläche von parallelen Sonnenstrahlen beschienen. Je nach dem, ob einfallende Sonnenstrahlen den Tropfen in der Nähe des Randes oder mehr in der Mitte treffen, unterscheiden sich die Richtungen (*Streuwinkel*) der Strahlen, die den Tropfen wieder verlassen. Diese Streuwinkel werden in der folgenden Aufgabe berechnet, insbesondere die Richtung maximaler Helligkeit.

*Aufgabe 2:*

### Entstehung des Regenbogens

Der (Haupt-)*Regenbogen* wird durch diejenigen Sonnenstrahlen hervorgerufen, welche die Oberfläche eines Regentropfens genau dreimal berühren, bzw. durchdringen. (Siehe Skizze, der Regentropfen ist als kugelförmig angenommen.)

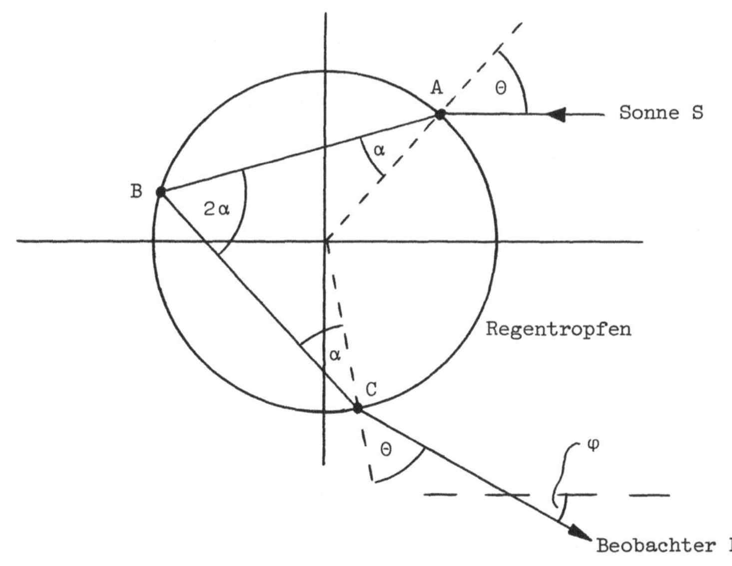

Nach dem Brechungsgesetz von Snellius genügen die Winkel $\theta$ und $\alpha$ der Beziehung

$$\frac{\sin \theta}{\sin \alpha} = R \quad, \quad \text{z.B.} \quad R = 1.331 \quad \text{für rotes Licht.}$$

Ein Lichtstrahl in Richtung des Beobachters $E$ verläßt den Regentropfen unter dem *Streuwinkel*

$$\varphi = f(\theta) \quad , \quad -\frac{\pi}{2} < \theta < \frac{\pi}{2} \quad ,$$

gemessen gegen die Sonnenrichtung. Die Intensität dieser Strahlung ist maximal für $\theta^*$ mit $f'(\theta^*) = 0$ . Der zugehörige Winkel $\varphi^* = f(\theta^*)$ maximaler Helligkeit gibt die "Höhe" des Regenbogens an.

*Aufgabe:*

a) Man berechne die Winkel der vier Teilstrecken SA, AB, BC, CE gegen die Sonnenrichtung und zeige, daß für den Streuwinkel gilt:

$$\varphi = f(\theta) = 2\theta - 4 \arcsin\left(\frac{\sin \theta}{R}\right) \quad .$$

b) Durch Analyse von $f'(\theta)$ bestimme man für $0 \le \theta < \frac{\pi}{2}$ den Wertebereich

$$\varphi_{min} \le \varphi \le \varphi_{max} \quad ,$$

in dem Streuwinkel des Hauptregenbogens auftreten (für rotes Licht).

c) Man fertige eine Skizze der Funktion $\varphi = f(\theta)$ an.

Für die 4 Teilstrecken ergeben sich die folgenden Winkel:

$$
\begin{array}{lll}
\text{SA} : & \text{Winkel} = \pi & \\
\text{AB} : & \pi + \theta - \alpha & \\
\text{BC} : & 2\pi + \theta - 3\alpha & \\
\text{CE} : & 2\pi + 2\theta - 4\alpha \;, & \text{also} \quad \varphi = 2\theta - 4\alpha \quad .
\end{array}
$$

Nach dem Brechungsgesetz genügen die Winkel $\alpha$ und $\theta$ der Beziehung

$$\sin \alpha = \frac{\sin \theta}{R} \quad ,$$

also gilt für den Streuwinkel

$$\varphi \;=\; f(\theta) \;=\; 2\theta - 4 \arcsin\left(\frac{\sin\theta}{R}\right)\,.$$

Die unabhängige Variable $\theta$ gibt an, wo der von der Sonne kommende Lichtstrahl den Tropfen trifft, etwa am Rand $\left(|\theta| \approx \frac{\pi}{2}\right)$ oder etwa in der Mitte $(\theta \approx 0)$. Jedem Wert von $\theta$ entspricht ein Kleinkreis auf der Tropfen-Oberfläche. Da die Funktion $f(\theta)$ ungerade ist $(f(-\theta) = -f(\theta))$ und weil die Streuwinkel für negative Winkel $\theta$ vom Beobachter wegzeigen, genügt es, $f(\theta)$ für

$$0 \le \theta < \frac{\pi}{2}$$

näher zu untersuchen.

Für die Beobachtung des Regenbogens ist wesentlich, in welchem Winkelbereich die Streuwinkel auftreten können. Um den Wertebereich

$$\varphi_{min} \le \varphi \le \varphi_{max}$$

bestimmen zu können, berechnen wir mit Hilfe der Ableitung

$$f'(\theta) = 2 - \frac{4}{\sqrt{1 - \dfrac{\sin^2\theta}{R^2}}} \cdot \frac{\cos\theta}{R}$$

mögliche Extremwerte von $f(\theta)$ . Da für den betrachteten Winkelbereich $\cos\theta > 0$ gilt und arccos eine monoton fallende Funktion ist, sind die folgenden Umformungen äquivalent:

$$f'(\theta) \gtreqless 0$$

$$2R\sqrt{1 - \frac{\sin^2\theta}{R^2}} \gtreqless 4\cos\theta$$

$$\sqrt{R^2 - \sin^2\theta} \gtreqless 2\cos\theta$$

$$R^2 - \sin^2\theta \gtreqless 4\cos^2\theta$$

$$R^2 - 1 \gtreqless 3\cos^2\theta$$

$$\sqrt{\frac{R^2 - 1}{3}} \gtreqless \cos\theta$$

$$\arccos\sqrt{\frac{R^2 - 1}{3}} \lesseqgtr 0\,.$$

Für rotes Licht  (R = 1.331) ergibt sich für den Zahlenwert des Extremums

$$\Theta^* \ := \ \arccos \sqrt{\frac{R^2 - 1}{3}} \ \approx \ 59.5^\circ \ .$$

Wegen

$$f'(\Theta^*) = 0$$
$$f'(\Theta) > 0 \quad \text{für} \quad \Theta^* < \Theta$$
$$f'(\Theta) < 0 \quad \text{für} \quad \Theta^* > \Theta$$

handelt es sich bei  $f(\Theta^*)$  um ein Minimum, der Zahlenwert ist

$$\varphi^* = \varphi_{min} = f(\Theta^*) \approx -42.4^\circ \ .$$

Maxima von  $f(\Theta)$  liegen am Rand des Bereiches  $0 \leq \Theta < \frac{\pi}{2}$ . Von den zugehörigen Werten  $f(0)$  und  $f\left(\frac{\pi}{2}\right)$  ist  $f(0) = 0$  das absolute Maximum. Also gilt für den Bereich der Streuwinkel:

$$-42.4^\circ \leq \varphi \leq 0 \quad \text{bzw.} \quad |\varphi| \leq 42.4^\circ \ .$$

In der Figur 1 ist der Verlauf von  $\varphi = f(\Theta)$  aufgetragen.

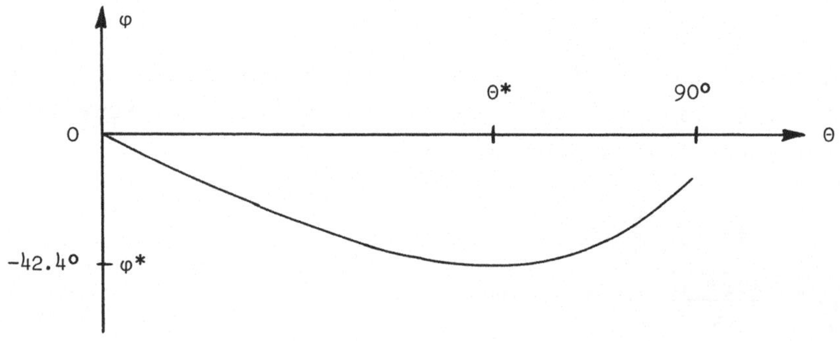


Fig. 1

Für die anderen Farben des Regenbogens ist der Bereich der Streuwinkel kleiner. So ergibt sich für Blau  (R = 1.343) der Wert
$\varphi(\Theta^*) = -40.6^\circ$ .

In der Nachbarschaft eines Extremums ist die Änderung der Funktion
"gering". Das bedeutet in unserem Fall, daß für Winkel $\theta$ aus einem
"breiten" Bereich um $\theta^*$ die zugehörigen Streuwinkel sich nur geringfügig unterscheiden (vgl. Fig. 1). Somit ist der Winkel $\varphi^* = f(\theta^*)$
durch eine große Anzahl nahezu paralleler Strahlen und deshalb durch
hohe Lichtintensität ausgezeichnet. Diese Intensität reicht aus, um
den Betrachter in "Höhe" $\varphi^*$ (über der Verlängerung der Linie Sonne -
Beobachter) einen farbigen Kreisbogen, den Regenbogen, erkennen zu
lassen.

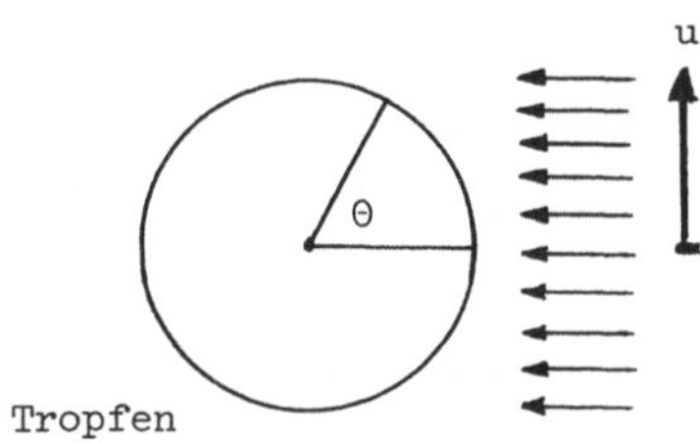


Diese Intensität ist es wert, näher untersucht zu werden. Tatsächlich ist nicht der Winkel $\theta$ ein Maß für die Menge der einfallenden Strahlen, sondern die Größe $u$ senkrecht zu diesen Strahlen, $u = \sin \theta$ .

Die Intensität der Regenbogenstrahlung wird also durch die Funktion

$$f(u) \;=\; 2 \arcsin u - 4 \arcsin \frac{u}{R} \;,\; 0 \leq u < 1$$

beschrieben (zur Vereinfachung betrachten wir einen "Einheitsregen-
tropfen" mit Radius 1).

Der Graph dieser Funktion (in Fig. 2) ähnelt dem oben gezeichneten,
er ist lediglich etwas verzerrt:

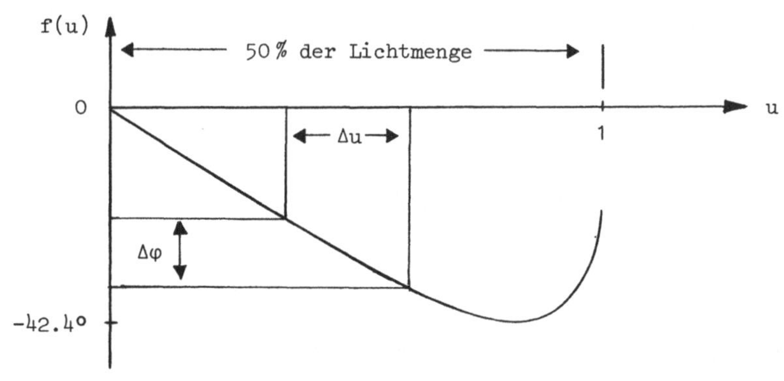


Fig. 2

Die Intensität kann auf einfache Weise quantifiziert werden: Mit Hilfe der Linearisierung von $f(u)$ erhält man die Beziehung

$$\Delta \varphi := \varphi(u_1) - \varphi(u_2) \approx f'(u)(u_1 - u_2) =: f'(u)\Delta u \ .$$

Hieraus folgt für die Lichtintensität

$$\Delta u \approx \frac{1}{f'(u)} \Delta \varphi \ ,$$

d.h. für den Wert $u^*$ mit $f'(u^*) = 0$ wird die Intensität des Streuwinkels maximal. Man kann es auch andersherum sagen: Für alle anderen Winkel ist die Intensität zu schwach, um vom Beobachter bemerkt zu werden. Der sichtbare Winkelbereich von $\varphi$ besteht im wesentlichen nur aus $\varphi^* = f(\theta^*)$ . Die Strahlung des restlichen Bereiches $(f(\theta^*) < \varphi \leq 0)$ interferiert mit den Strahlen anderer Wellenlängen zu weißem Licht; aus diesem Grunde erscheint das Himmelslicht "innerhalb" des Regenbogens etwas heller.

Der interessierte Leser möge jetzt noch die entsprechenden Untersuchungen für den Nebenregenbogen durchführen, vgl. die Skizze von Fig. 3.

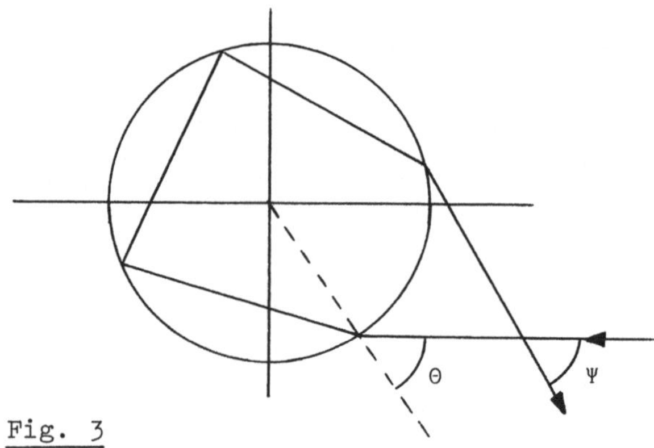


Fig. 3

Die Lösung sei kurz zusammengefaßt:

$$\psi(\theta) = -\pi - 2\theta + 6\arcsin\left(\frac{\sin\theta}{R}\right)$$

$$\theta^* = \arccos\sqrt{\frac{R^2-1}{8}}$$

rotes Licht: $\theta^* \approx 71.9^\circ$, $\psi(\theta^*) \approx -50.4^\circ$
(Maximum)

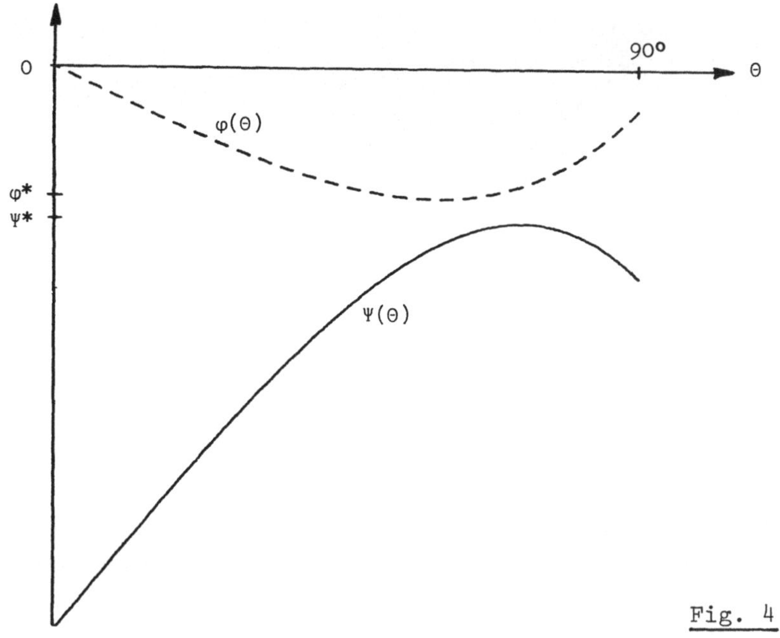


<u>Fig. 4</u>

Die Farbreihenfolge ist hier umgekehrt gegenüber dem Hauptregenbogen,
entsprechend ist das Extremum  $\psi(\Theta^*)$  ein Maximum, vgl. Fig. 4.  Die
Überlegungen bezüglich der Intensität gelten analog. Da der Himmel
oberhalb des Nebenregenbogens wiederum heller erscheint, wirkt nur der
Bereich zwischen den beiden Bögen

$$42.4^\circ \leq \text{Höhe} \leq 50.4^\circ$$

als "dunkleres" Band. Es sei nochmals darauf hingewiesen, daß diese
Höhenwinkel über der Verlängerung der Achse Sonne – Beobachter gemessen
sind. Diese Überlegungen erklären auch, warum man Regenbögen im allgemeinen nur bei niedrigeren Sonnenständen beobachten kann.

Der Regenbogen kann auch als <u>Kaustik</u> erklärt werden. In Figur 5 ist
ein einzelner Regentropfen mit dem von ihm ausgehenden (Halb-) Bündel
von Strahlen illustriert.

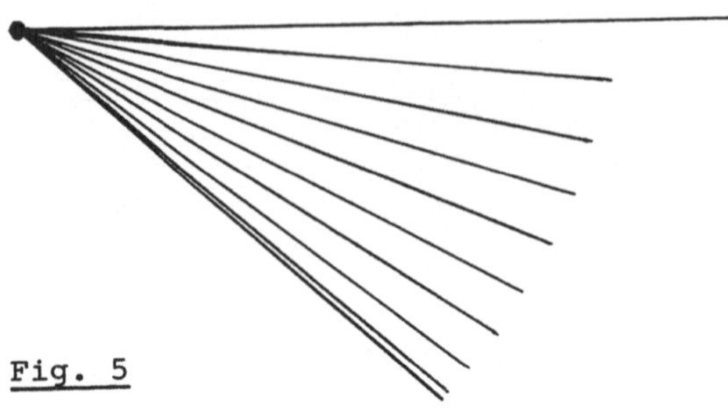

<u>Fig. 5</u>

Die eingezeichneten Strahlen trennen jeweils 10% der Lichtmenge des
Halbbündels. Wie in Figur 5 sichtbar, wird der Abstand der Strahlen
enger nahe an der Einhüllenden (Winkel $\varphi^* = -42.4^o$). Diese Konzentration von Helligkeit ist eine <u>Kaustik</u>. "Unterhalb" der Kaustik treten
keine Strahlen auf, dieses entspricht dem dunklen Band oberhalb (!)
des Hauptregenbogens.

<u>*Literatur*</u>:        H.M. Nussenzveig: The theory of the rainbow.
Scientific American, April 1977.


## Hobelmaschine

Unter den *spanabhebenden Werkzeugmaschinen* findet man Langhobelmaschi-
nen (der Arbeitstisch gleitet hin und her) und Kurzhobelmaschinen (das
Werkzeug führt die hin- und hergehende Bewegung aus).

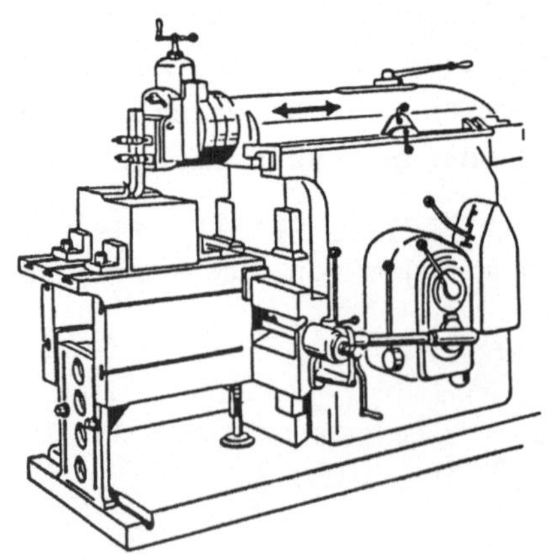

Wir wollen die Bewegung einer Kurzhobelmaschine studieren, vergleiche
nebenstehende Skizze.

An einem hin- und herlau-
fenden Schlitten ist ein
Meißel befestigt. Dieser
Hobelstahl bearbeitet das
eingespannte Werkstück
(schraffiert) während der
Vorwärtsbewegung (im Bild
nach links). Beim Rück-
lauf wird der Meißel et-
was hochgeklappt, gleich-
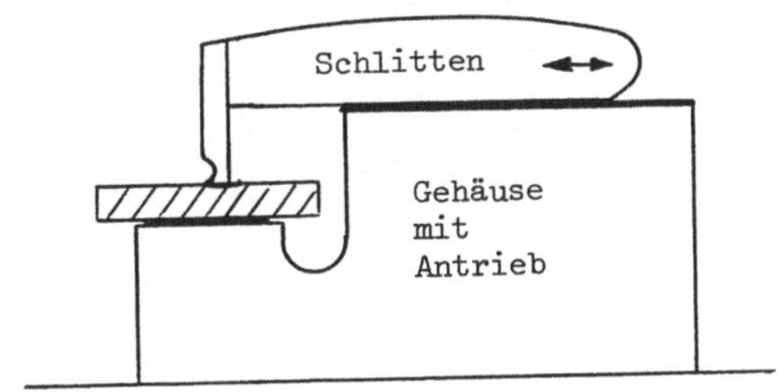

zeitig wird das Werkstück seitlich in die neue Position gerückt; anschließend beginnt erneut die Arbeitsphase mit einer Vorwärtsbewegung des Schlittens.

Charakteristisch für die Bewegung einer solchen Hobelmaschine ist eine äußerst gleichförmige Geschwindigkeit in Arbeitsrichtung. Eine derartige Bewegung kann durch einen sinnreichen Antrieb mechanisch erzeugt werden. In einer ersten Aufgabe werden Antrieb und Hobelbewegung
beschrieben. Der in der Aufgabe erwähnte Stößel stellt die Verbindung
des Antriebs zum Schlitten dar.


*Aufgabe 1:*

Der Antriebsmechanismus einer Hobelmaschine wird durch die unten-
stehende Skizze wiedergegeben: Kurbel $K$ läuft mit konstanter
Winkelgeschwindigkeit $\omega$ um; durch den auf $K$ befestigten Zapfen
$Z_1$ wird dabei die in $A$ drehbar gelagerte Schwinge $S$ mitgenom-
men; die Bewegung von $S$ überträgt sich durch den Zapfen $Z_2$ auf
den Stößel $St$ .

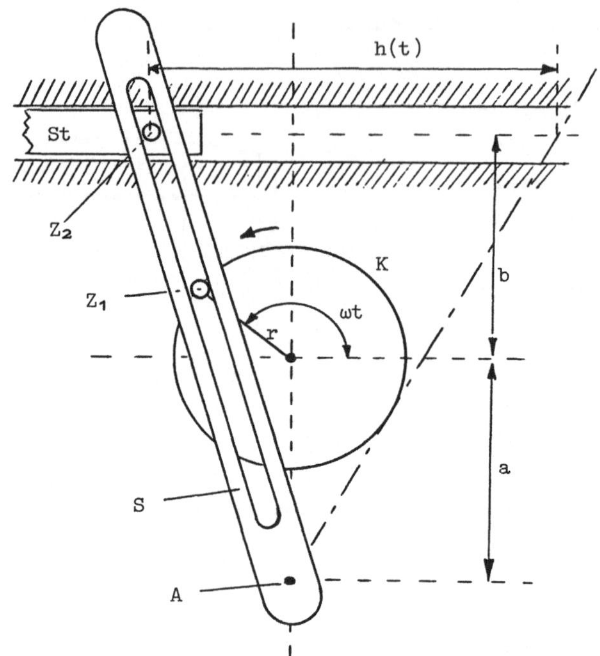


a) Berechne den Hub  h(t)  des Stößels  St  in Abhängigkeit von der Zeit  t .

b) Es sei  $r = 1$; $a = b = 2$. Man fertige ein Weg – Zeit – Diagramm für einen Umlauf von  $Z_1$  an.

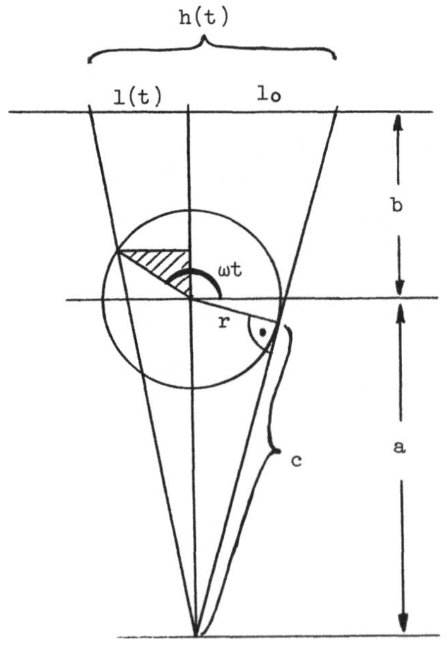


Zur Herleitung der Hub-Funktion zeichnen wir die wichtigen geometrischen Größen noch einmal gesondert (Fig. 1)

<u>Fig. 1</u>

Wir setzen den Hub an als Summe, bestehend aus dem konstanten Anteil $l_0$ (die Hälfte des maximalen Ausschlags) und einem variablen Teil $l(t)$ ,

$$h(t) = l_0 + l(t) \ .$$

Beide Größen lassen sich über den Strahlensatz bzw. über Beziehungen zwischen ähnlichen Dreiecken berechnen.

Für $l_0$ ergibt sich wegen

$$\frac{r}{c} = \frac{l_0}{a+b} \ , \quad c = \sqrt{a^2 - r^2}$$

die Beziehung

$$l_0 = r(a+b) \, \frac{1}{\sqrt{a^2 - r^2}} \ .$$

Zur Bestimmung von $l(t)$ beachte man die Größen des
schraffierten Dreiecks. Die
für die Beziehung

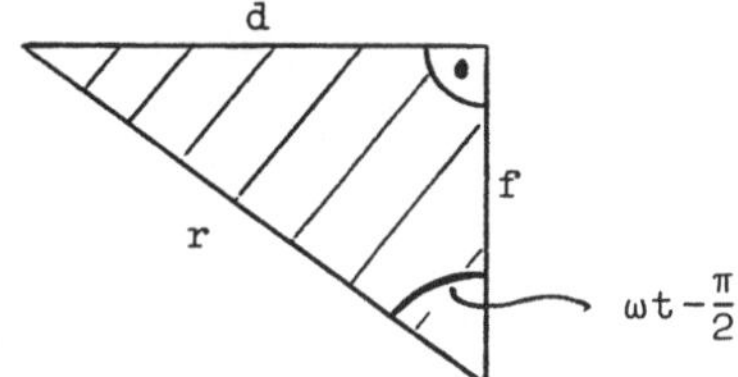


$$\frac{l(t)}{d} = \frac{a+b}{a+f}$$

benötigten Größen $d$ und $f$ genügen den Gleichungen

$$\frac{d}{r} = \sin\left(\omega t - \frac{\pi}{2}\right) = -\cos\omega t$$

$$\frac{f}{r} = \cos\left(\omega t - \frac{\pi}{2}\right) = \sin\omega t \ .$$

Also gilt

$$l(t) = -(a+b)\, \frac{r\cos\omega t}{a + r\sin\omega t} \ ,$$

für die Hub-Funktion erhält man

$$h(t) = r(a+b)\left\{\frac{1}{\sqrt{a^2-r^2}} - \frac{\cos\omega t}{a+r\sin\omega t}\right\} \ .$$

Für die verlangten speziellen Zahlenwerte lautet die Hub-Funktion

$$h(t) = 4\left\{\frac{1}{\sqrt{3}} - \frac{\cos\omega t}{2+\sin\omega t}\right\} \ .$$

Da  h(t) periodisch ist, wird man das "Weg – Zeit – Diagramm" nur von
einer Periode

$$O \leq t \leq T = \frac{2\pi}{\omega}$$

zeichnen. Statt der unabhängigen Variablen  t  kann auch der Winkel
$\varphi = \omega t$  eingeführt werden, dann ist

$$h(\varphi) = 4 \left\{ \frac{1}{\sqrt{3}} - \frac{\cos\varphi}{2+\sin\varphi} \right\}$$

für das Intervall  $O \leq \varphi \leq 2\pi$  zu zeichnen. Einige Funktionswerte für
spezielle Werte von  $\varphi$  sind

$$h(O) = 4 \left\{ \frac{1}{\sqrt{3}} - \frac{1}{2} \right\} \approx 0.309 \quad (=h(2\pi))$$

$$h\left(\frac{\pi}{2}\right) = \frac{4}{\sqrt{3}} \approx 2.31 \qquad \left(=h\left(\frac{3\pi}{2}\right)\right)$$

$$h(\pi) = 4 \left\{ \frac{1}{\sqrt{3}} + \frac{1}{2} \right\} \approx 4.31 \ .$$

Nach der Definition von  h  (vgl. Figur 1) ist klar, daß  h  minimal
wird  (h = O)  für einen Winkel  $\varphi$ , der "etwas" kleiner als  $2\pi$  ist,
und  h  maximal wird  $(h = 2\ell_0 \approx 4.62)$  für einen Winkel  $\varphi$  nahe  $\pi$,
$\varphi > \pi$ . Also wird die Funktion  h  eine Gestalt haben, wie sie in
Figur 2 aufgezeichnet ist.

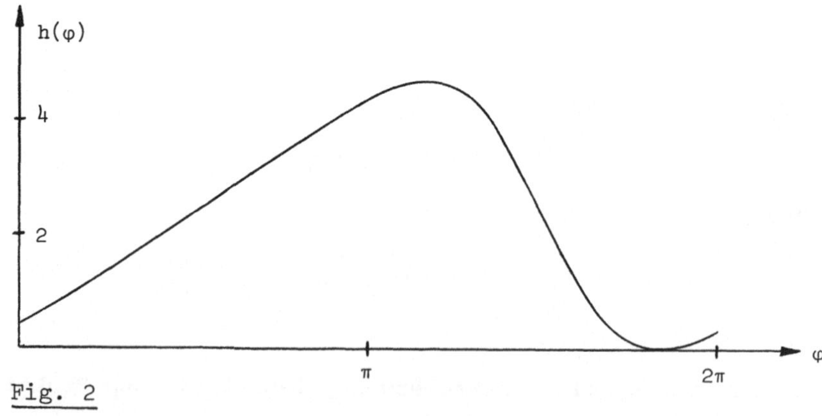


Fig. 2

Schon hier deutet sich an, daß die Geschwindigkeit in Arbeitsrichtung  $O < \varphi < \pi$  sehr gleichförmig ist im Gegensatz zum Rücklauf
$\pi < \varphi < 2\pi$ . Diese "Gleichförmigkeit" gilt es näher zu untersuchen:

*Aufgabe 2:*

In der ersten Aufgabe hatte sich der Hub  h(t)  des Stößels zu

$$h(t) = r(a+b)\left(\frac{1}{\sqrt{a^2 - r^2}} - \frac{\cos\omega t}{a + r\sin\omega t}\right)$$

ergeben.  Die Winkelgeschwindigkeit  $\omega$  sei konstant.

a) Man ermittle die Geschwindigkeit

$$v(t) = \frac{dh}{dt} \quad \text{und die Beschleunigung} \quad \beta(t) = \frac{d^2h}{dt^2}$$

des Stößels.

b) Wo liegen die Extrema von  h  und  v ?

c) Für  a = b = 2, r = 1, $\omega$ = 1  skizziere man  h(t), v(t), $\beta$(t)  in
einem rechtwinkligen Koordinatensystem für $0 \le t \le 2\pi$ .

Durch Differenzieren von  h(t)  erhält man die Geschwindigkeit  v(t),
durch nochmaliges Differenzieren die Beschleunigung  $\beta$(t) :

$$v(t) = r(a+b)\,\omega \cdot \frac{r + a\sin\omega t}{(a + r\sin\omega t)^2}$$

$$\beta(t) = r(a+b)\,\omega^2 \cos\omega t\, \frac{a^2 - 2r^2 - ra\sin\omega t}{(a + r\sin\omega t)^3} \, .$$

Die Extrema von  h  und  v  sind gerade die Nullstellen von  v  und
$\beta$ . Die Geschwindigkeit  v  verschwindet für

$$\sin\omega t = -\frac{r}{a} \, .$$

Wegen  $-1 < -\frac{r}{a} < 0$  gibt es je ein Minimum und ein Maximum im Bereich
$\pi < \varphi < 2\pi$ , ihre ungefähren Lagen wurden schon in der ersten Aufgabe
bestimmt. Die Beschleunigung  $\beta$  verschwindet für

$$\cos\omega t = 0 \quad \text{oder} \quad a^2 - 2r^2 - ra\sin\omega t = 0 \, ,$$

also sind die Extrema der Geschwindigkeit  v  durch

$$\cos\omega t = 0 \quad \text{und} \quad \sin\omega t = \frac{a^2 - 2r^2}{ar}$$

bestimmt.

Bei den zugrundegelegten Zahlenwerten ergeben sich als Extrema von
h die Winkel $\omega t = 7\pi/6$ und $\omega t = 11\pi/6$ , die Extrema von v liegen bei $\omega t = \dfrac{\pi}{2}$ und $\omega t = 3\pi/2$ . Die Verteilung von Minima und Maxima liegt durch den bereits diskutierten Kurvenverlauf von h(t)
fest.

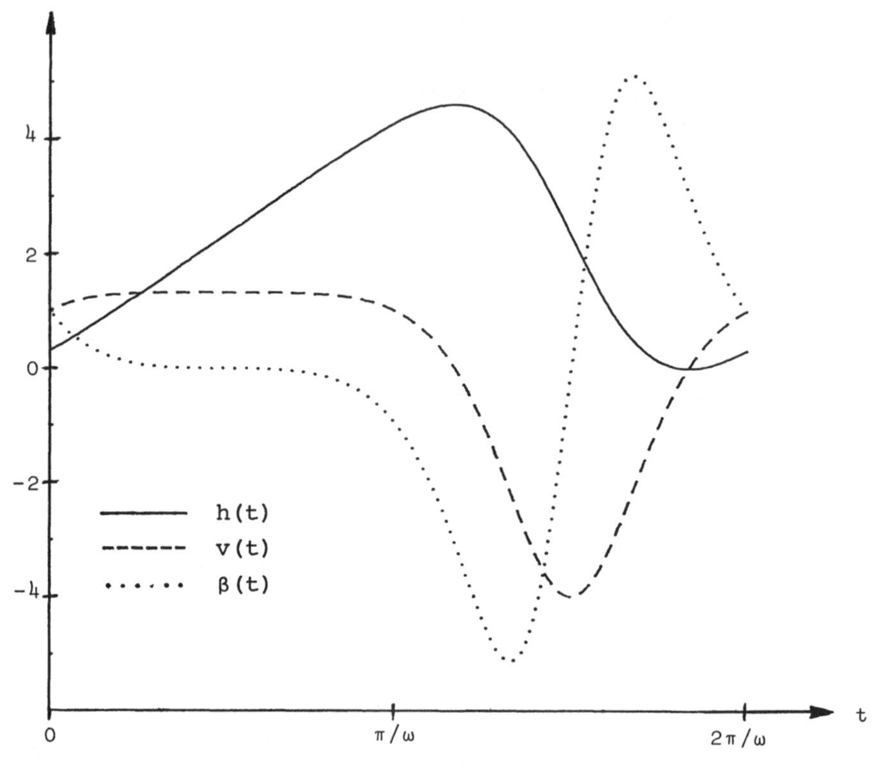


<u>Fig. 3</u>

Die Skizze des Graphen der Geschwindigkeit v(t) (Fig. 3) bestätigt den gleichförmigen Verlauf der Bewegung in Arbeitsrichtung
$0 < \varphi < \pi$ , Beschleunigung ist hier kaum vorhanden: $\beta(t) \approx 0$ . Diese Beobachtung aus Figur 3 läßt sich noch quantifizieren:

*Aufgabe 3:*

Es wird die Gleichung für die Bewegung des Stößels einer Hobelmaschine

$$h(t) = 4 \left( \frac{1}{\sqrt{3}} - \frac{\cos t}{2 + \sin t} \right)$$

untersucht.
Man gebe die Glieder der Taylorentwicklung von $h(t)$ um $t = \frac{\pi}{2}$
bis einschließlich $\left( t - \frac{\pi}{2} \right)^6$ an. Welche Werte haben die Ableitungen
$h'\left( \frac{\pi}{2} \right), \ldots, h^{(6)}\left( \frac{\pi}{2} \right)$ ?

Nach der Taylor'schen Formel

$$h(t) = h\left( \frac{\pi}{2} \right) + \left( t - \frac{\pi}{2} \right) h'\left( \frac{\pi}{2} \right) + \left( t - \frac{\pi}{2} \right)^2 \frac{1}{2} h''\left( \frac{\pi}{2} \right) + \cdots$$

ist $h(t)$ als Reihe mit Potenzen von $\left( t - \frac{\pi}{2} \right)$ darstellbar. Anstatt
$h(t)$ mehrfach zu differenzieren, bietet es sich an, die bekannten Potenzreihen von $\sin$ und $\cos$ zu benutzen. Wegen

$$-\cos t = \sin\left( t - \frac{\pi}{2} \right), \quad \sin t = \cos\left( t - \frac{\pi}{2} \right)$$

gilt

$$h(t) = 4 \left( \frac{1}{\sqrt{3}} + \frac{\sin\left( t - \frac{\pi}{2} \right)}{2 + \cos\left( t - \frac{\pi}{2} \right)} \right) .$$

Der Ausdruck

$$\frac{4 \sin z}{2 + \cos z}$$

$\left( \text{Abkürzung } z := t - \frac{\pi}{2} \right)$ ist eine ungerade Funktion. Deshalb kann man
für diesen Ausdruck eine Potenzreihe mit ungeradzahligen Exponenten
ansetzen:

$$\frac{4 \sin z}{2 + \cos z} = a_1 z + a_3 z^3 + a_5 z^5 + \cdots .$$

Einsetzen der bekannten Potenzreihen von $\sin$ und $\cos$ und Durch-
multiplizieren mit dem Nenner ergibt

$$4 \left( z - \frac{1}{6} z^3 + \frac{1}{120} z^5 - \cdots \right) =$$

$$= \left( 2 + 1 - \frac{1}{2} z^2 + \frac{1}{24} z^4 - \cdots \right)\left( a_1 z + a_3 z^3 + a_5 z^5 + \cdots \right)$$

$$= 3a_1 z + \left( 3a_3 - \frac{1}{2} a_1 \right) z^3 + \left( 3a_5 - \frac{1}{2} a_3 + \frac{1}{24} a_1 \right) z^5 + \cdots .$$

Koeffizientenvergleich liefert

$$a_1 = \frac{4}{3}, \quad a_3 = 0, \quad a_5 = - \frac{1}{135} .$$

Die Ableitungen von  h  an der Stelle  $t = \frac{\pi}{2}$  sind damit auch berechnet:

$$h'\left(\frac{\pi}{2}\right) = \frac{4}{3}, \quad h^{(5)}\left(\frac{\pi}{2}\right) = -\frac{8}{9}, \quad h^{(k)}\left(\frac{\pi}{2}\right) = 0 \quad \text{für} \quad k = 2,3,4,6 .$$

Aus

$$h(t) = \frac{4}{\sqrt{3}} + \frac{4}{3} \left( t - \frac{\pi}{2} \right) - \frac{1}{135} \left( t - \frac{\pi}{2} \right)^5 + \cdots$$

läßt sich für die Geschwindigkeit in der Mitte der Hobelbewegung $\left(\text{also} \quad t \approx \frac{\pi}{2}\right)$ eine Näherung ablesen:  $v(t)$  verhält sich wie

$$\frac{4}{3} - \frac{1}{27} \left( t - \frac{\pi}{2} \right)^4 ,$$

und ist damit fast "konstant". Mit dieser Beziehung haben wir die Gleichförmigkeit der Arbeitsbewegung formelmäßig erfaßt.

Durch Verschieben des Zapfens  $Z_1$  auf der Kurbelscheibe (also Veränderung von r) kann die Hublänge $2\ell_0$ verändert werden. Eine hierdurch verursachte Änderung der Schnittgeschwindigkeit wird durch Anpassung der Drehzahl  $\omega$  ausgeglichen. Auch das Verhältnis von Schnittgeschwindigkeit zu Rücklaufgeschwindigkeit hängt von der Hublänge ab. Ein günstiges Verhältnis wird bei der hier diskutierten Antriebsart nur bei großer Hublänge erreicht. Ein bei jeder Hublänge konstantes Verhältnis des schnellen Rücklaufes zur Schnittgeschwindigkeit erzielt man mit hydraulischen Stößelantrieben.

Literatur:     A. Linek: Spanabhebende Werkzeugmaschinen für die wirtschaftliche Fertigung. Teil 6: Hobel- und Stoßmaschinen.   Berlin 1952 ($^2$1965)

# Auswuchten

Die Läufer elektrischer Maschinen lassen sich nicht genau "symmetrisch" herstellen. Verschiebungen des Massenschwerpunktes sind die Folge, es entsteht eine Unwucht (vgl. auch Automobilreifen). Nach längerer Betriebszeit kann, durch Erwärmung und Zentrifugalkraft bedingt, die Spulenwicklung geringfügig verformt werden. Dabei entsteht gleichfalls eine Unwucht. Die Größenordnung einer solchen Unwucht erreicht häufig nur wenige Gramm. Trotzdem kann eine Unwucht bei hohen Drehzahlen gewaltige Kräfte bewirken und einen unruhigen Lauf der Maschine verursachen: die Maschine "vibriert". Die entstehenden Schwingungen beanspruchen die Lager des Läufers außerordentlich. Probleme mit Unwucht treten sehr verbreitet auf, außer bei elektrischen Maschinen auch bei Zentrifugen, an Kraftfahrzeugen usw.

In der folgenden Aufgabe steckt als wesentliche Vereinfachung die Annahme, daß die Amplitude der Schwingung proportional zur Unwucht ist. In Wirklichkeit sind die Zusammenhänge nichtlinear, Amplitude und Unwucht sind im allgemeinen nicht proportional. Trotzdem kann mit Hilfe der folgenden klassischen Methode (ergänzt durch viel Fingerspitzengefühl des Monteurs) die Unwucht ermittelt werden.

*Aufgabe:*

a) Praktisches Problem:

Zur Erzielung eines ruhigen Laufs müssen die Läufer elektrischer Maschinen nach dem Einbau häufig *nachgewuchtet* werden ("Feintarierung"). Zur Ermittlung der Lage der Unwucht wird an der Stirnseite des Läufers, am "Tarierkranz", ein kleines Gewicht befestigt, der Läufer auf Betriebsdrehzahl hochgefahren und die Amplitude der Schwingung gemessen. Dieses Verfahren wird noch zweimal wiederholt mit jeweils um 120° versetztem Gewicht.

Aus den drei gemessenen Amplituden $\gamma, \mu, \kappa$ ermittelt der Monteur mit Hilfe eines Nomogramms die Lage der Unwucht.

b) Mathematisches Modell:

Gegeben seien drei bekannte Vektoren $a,b,c$ ("Tariergewich-te") mit $|a| = |b| = |c|$ , unbekannt ist der Vektor $x$ ("Un-wucht"). Aus den gemessenen Größen

$$\gamma = |x+a| \quad , \quad \mu = |x+b| \quad , \quad \kappa = |x+c|$$

ermittle man den Winkel $\alpha$ , siehe Skizze; es gelte:
$\gamma \geq \mu \geq \kappa \geq 0$ .

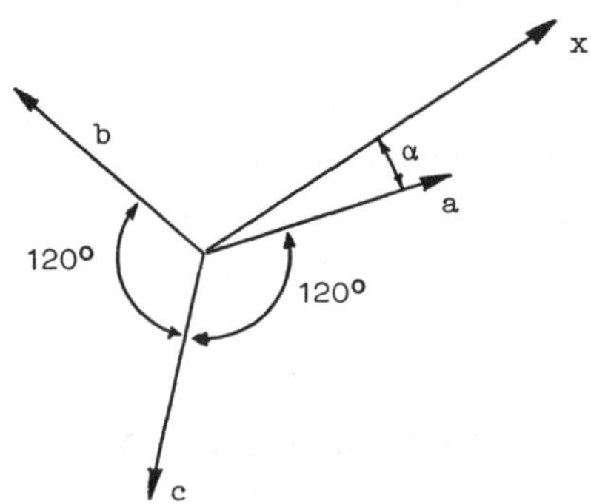


Hinweis: Man untersuche die Größe $\dfrac{\mu^2 - \kappa^2}{2\gamma^2 - \kappa^2 - \mu^2}$ .

Die Vektoren $a,b,c$ und $x$ liegen in einer Ebene. Einheitsvektoren in Richtung $a,b,c$ sind

$$\begin{pmatrix} 1 \\ 0 \end{pmatrix} \quad , \quad \frac{1}{2}\begin{pmatrix} -1 \\ \sqrt{3} \end{pmatrix} \quad , \quad \frac{1}{2}\begin{pmatrix} -1 \\ -\sqrt{3} \end{pmatrix} \quad .$$

Damit gilt

$$a = |a|\begin{pmatrix} 1 \\ 0 \end{pmatrix} \quad , \quad b = |a|\frac{1}{2}\begin{pmatrix} -1 \\ \sqrt{3} \end{pmatrix} \quad , \quad c = |a|\frac{1}{2}\begin{pmatrix} -1 \\ -\sqrt{3} \end{pmatrix} \quad .$$

Setzt man den unbekannten Vektor $x$ an mit

$$x = \beta \begin{pmatrix} 1 \\ \tan\alpha \end{pmatrix}$$

so berechnen sich die Quadrate der gemessenen Größen wie folgt:

$$\gamma^2 \;=\; |x+a|^2 \;=\; \left|\begin{pmatrix}\beta+|a|\\ \beta\tan\alpha\end{pmatrix}\right|^2 \;=\; (\beta+|a|)^2 + \beta^2\tan^2\alpha \;=$$

$$=\; (1+\tan^2\alpha)\,\beta^2 + 2\beta|a| + |a|^2$$

$$\mu^2 \;=\; |x+b|^2 \;=\; \left|\begin{pmatrix}\beta-\tfrac{1}{2}|a|\\[4pt] \beta\tan\alpha+\tfrac{\sqrt{3}}{2}|a|\end{pmatrix}\right|^2 \;=\; \left(\beta-\tfrac{1}{2}|a|\right)^2 + \left(\beta\tan\alpha+\tfrac{\sqrt{3}}{2}|a|\right)^2$$

$$=\; \beta^2(1+\tan^2\alpha) - \beta|a| + |a|^2 + \sqrt{3}\,\beta\,|a|\tan\alpha$$

$$\kappa^2 \;=\; |x+c|^2 \;=\; \left(\beta-\tfrac{1}{2}|a|\right)^2 + \left(\beta\tan\alpha-\tfrac{\sqrt{3}}{2}|a|\right)^2$$

$$=\; \beta^2(1+\tan^2\alpha) - \beta|a| + |a|^2 - \sqrt{3}\,\beta\,|a|\tan\alpha\,.$$

Aus diesen Quadraten läßt sich ein Wert für $\tan\alpha$ berechnen. Eine Möglichkeit hierzu bietet die in der Aufgabe angegebene Größe:

$$\frac{\mu^2 - \kappa^2}{2\gamma^2 - \kappa^2 - \mu^2} \;=\; \frac{2\sqrt{3}\,\beta\,|a|\tan\alpha}{4\beta|a| + \beta|a| + \beta|a|} \;=\; \frac{1}{\sqrt{3}}\,\tan\alpha\,.$$

Der Winkel $\alpha$ , für den die Unwucht vorliegt, läßt sich demnach bestimmen aus

$$\tan\alpha \;=\; \sqrt{3}\,\frac{\mu^2 - \kappa^2}{2\gamma^2 - \kappa^2 - \mu^2}\,.$$

Eine andere Möglichkeit, aus den Beziehungen für $\gamma^2, \mu^2, \kappa^2$ die Größe $\tan\alpha$ zu isolieren, bietet

$$\frac{\gamma^2 - \mu^2}{\gamma^2 - \kappa^2} \;=\; \frac{3\beta|a| - \sqrt{3}\beta|a|\tan\alpha}{3\beta|a| + \sqrt{3}\beta|a|\tan\alpha} \;=\; \frac{\sqrt{3} - \tan\alpha}{\sqrt{3} + \tan\alpha}\,.$$

Auflösung nach $\tan\alpha$ liefert den bereits oben ermittelten Ausdruck. Die Auswertung dieser Formeln kann graphisch mit Hilfe von Nomogrammen erfolgen. Heute führt man solche Berechnungen auf einem elektronischen Taschenrechner aus.

*Literatur* zu Nomographie:

> E. Werth, H. Gröll: Nomographie.
> Teubner 1964

# Kontur des Kreiskolbenmotors

In der abendländischen Geschichte der Wissenschaft haben Zykloiden
eine prominente Rolle gespielt, waren doch Epizykel die Grundlage
der Astronomie, angefangen bei Hipparchos und Ptolemäus bis einschließlich Kopernikus.

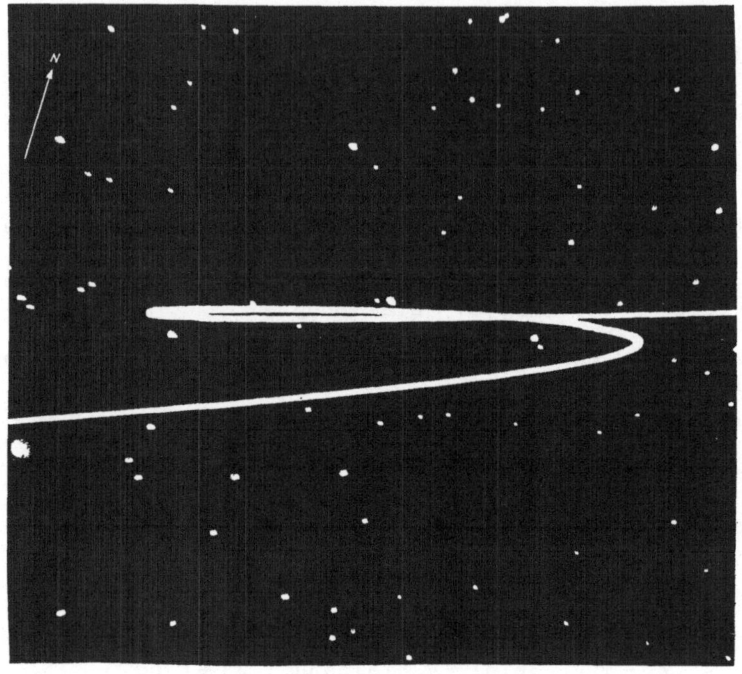

Die Figur zeigt die Planetenschleife des Mars während der Opposition
1982.

Zykloiden spielten auch außerhalb der Astronomie eine Rolle. Die be-
rühmte Aufgabe von Johann Bernoulli  *"Man finde die Kurve kürzester
Fallzeit, welche zwei gegebene Punkte verbindet"* , zog 1696/97 das
Interesse der scharfsinnigsten Mathematiker auf sich. Die Lösungs-
kurve ist eine Zykloide (Lösungen der Aufgabe wurden unter anderem
von Leibniz und Newton eingesandt). Eine andere Anwendung von Zykloiden ist das Zykloidenpendel, bei ihm hat die Schwingungszeit
für jede Amplitude denselben Wert (wichtig für Präzisionspendel-
uhren, Huygens 1673). Auch heute noch faszinieren Zykloiden, man
denke nur, wie hübsch sich bei Nacht die Bewegung von seitlich be-
leuchteten, zwischen Fahrradspeichen geklemmten Reflektoren ausmacht.

Eine technische Anwendung von Zykloiden ist der Kreiskolbenmotor,
populär geworden als "Wankelmotor" (nach F. Wankel; weitere Erfin-
dungen hierzu u.a. von O. Baier).

Der Drehkolben des Wankelmotors hat einen Querschnitt, der einem
gleichseitigen Dreieck ähnelt. Die Bewegung dieses Läufers setzt sich
zusammen aus einer Drehung um die eigene Achse und einer Kreisbewegung der Achse; über einen Exzenter wird die Bewegung des Drehkolbens auf die Antriebsachse übertragen. Eine derartige Bewegung führt
zu der Frage, wie die Abmessungen der Konstruktion zu wählen sind,
damit die drei Ecken des Drehkolbens ständig die Gehäusewand berühren und auf diese Weise drei Kammern trennen. Die Kurve dieser Gehäusewand ist eine Zykloide (genauer: Epitrochoide). Die mathematische Fragestellung besteht in der Aufstellung und Diskussion einer
Parameterdarstellung sowie in der Berechnung der Länge dieser Zykloide.

*Aufgabe:*

Die nebenste-
hende Skizze
zeigt einen
Profilschnitt
des *Wankelmo-
tors*. Mit dem
Gehäuse G ist
der Kreis $K_G$
starr verbun-
den, auf die-
sem Kreis
rollt der Läu-
ferkreis $K_L$
ab. Ein Punkt
A, der an $K_L$
befestigt ist,
beschreibt da-
bei die Kontur
Z (Epitrochoide).

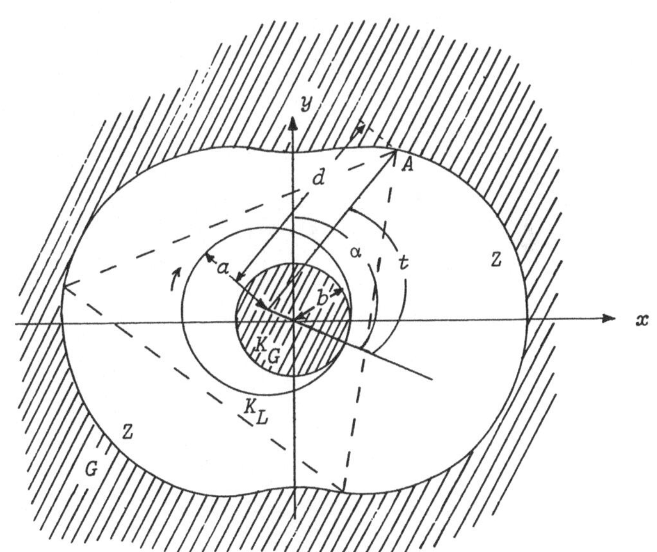

Es ist   a = 3;    b = 2;    d = 7.

a) Man gebe  $\alpha$  als Funktion von  t  an (Startposition $\alpha = t = 0$).

b) Man gebe eine Parameterdarstellung  x(t), y(t)  von  Z  an.

c) Für einen festen Punkt auf  $K_L$  berechne man den Umfang seiner Bahn bei einer vollen Umdrehung des Läufers (Zurückführung auf Bogenlänge einer Ellipse).

Der Winkel  t  ist der Abrollwinkel des großen Kreises, $\alpha$   der des feststehenden kleinen Kreises. Als Startposition nehmen wir  $\alpha = t = 0$  an, diese Normierung wird zu einer achsensymmetrischen Lage der Zykloide führen. Beim Abrollen der beiden Kreise aufeinander sind $b\alpha$ und  at  gleichlange Kreisbogenstücke, es gilt also

$$\alpha = \frac{a}{b} t .$$

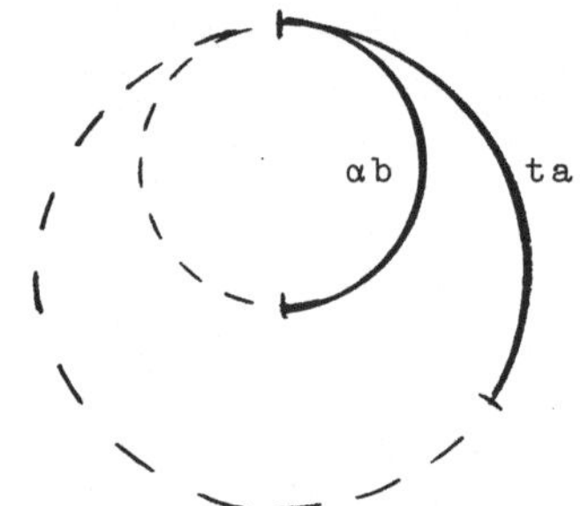



Um eine Parameterdarstellung der Zykloide zu konstruieren, ist die Figur 1 hilfreich.

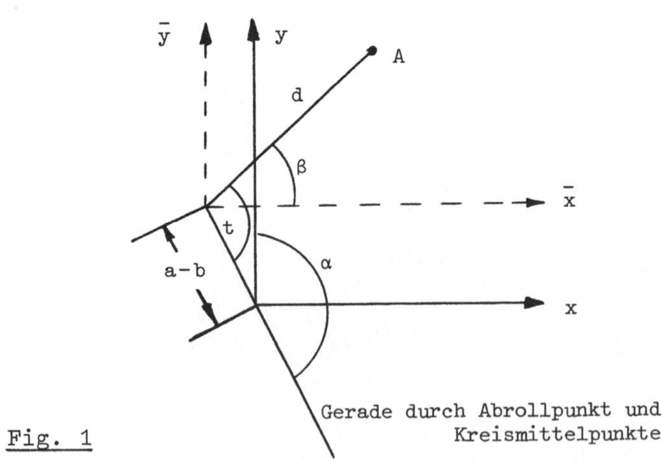



<u>Fig. 1</u>

Für den Winkel $\beta$ gilt

$$\beta = \frac{\pi}{2} - (\alpha - t) \ ,$$

also

$$\cos\beta = \sin(\alpha - t), \quad \sin\beta = \cos(\alpha - t) \ .$$

Die Koordinaten des Läufer-Eckpunktes $A$ im $(\bar{x},\bar{y})$ - Koordinaten-system sind

$$(\bar{x},\bar{y}) = (d\cos\beta \ , \ d\sin\beta) = \Big(d\sin(\alpha - t), \ d\cos(\alpha - t)\Big) \ .$$

Die Verschiebung der beiden Koordinatensysteme ist

$$x - \bar{x} = -(a-b)\cos\left(\alpha - \frac{\pi}{2}\right) = -(a-b)\ \sin\alpha$$

$$y - \bar{y} = \ \ (a-b)\sin\left(\alpha - \frac{\pi}{2}\right) = -(a-b)\ \cos\alpha \ .$$

Zusammen haben wir

$$x = d\sin(\alpha - t) \ - \ (a-b)\ \sin\alpha$$

$$y = d\cos(\alpha - t) \ - \ (a-b)\ \cos\alpha \ .$$

Nach Einsetzen der Beziehung $\alpha = ta/b$ ergibt sich die Parameter-darstellung der Bewegung des Punktes $A$ ,

$$x(t) = d\sin\left(t\left(\frac{a}{b}-1\right)\right) - (a-b)\ \sin\frac{a}{b}t$$

$$y(t) = d\cos\left(t\left(\frac{a}{b}-1\right)\right) - (a-b)\ \cos\frac{a}{b}t \ .$$

Diese Beziehung läßt sich deuten als Überlagerung der Kreisbewegung

$$x_1(t) = d\sin\left(\frac{a}{b}-1\right)t \ , \quad y_1(t) = d\cos\left(\frac{a}{b}-1\right)t$$

mit

$$x_2(t) = (a-b)\ \sin\frac{a}{b}t \ , \quad y_2(t) = (a-b)\ \cos\frac{a}{b}t \ .$$

Der "große" Kreis $x_1(t), y_1(t)$ hat als Periode den Wert

$$p_1 = 2\pi\ \frac{1}{\frac{a}{b}-1} = 2\pi\ \frac{b}{a}\ \frac{a}{a-b} \ ,$$

der "kleine" Kreis $x_2(t), y_2(t)$ hat die Periode

$$p_2 = 2\pi\ \frac{b}{a} \ .$$

Die Überlagerung der beiden Kreisbewegungen hat man sich wie in Figur 2 gezeichnet vorzustellen.

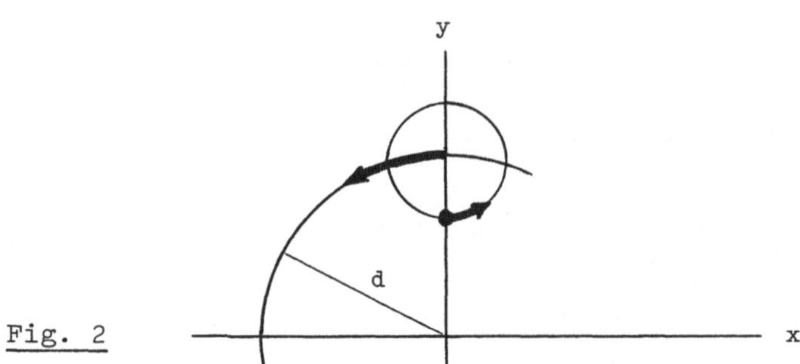


Der kleine Kreis (Radius $(a - b)$) bewegt sich planetenartig mit seinem Mittelpunkt auf dem großen Kreis (Radius d). Der Punkt  A  dreht sich dabei auf dem kleinen Kreis. Auf diese Weise läßt sich die Zykloide konstruieren.

Noch "frei" sind die Werte der Radien  a  und  b . Aus technischen Gründen ist hier nicht jede Wahl möglich. Der Wankelmotor soll drei Kammern haben. Dies bedeutet, daß die Zykloide nicht nur durch den Punkt  A  erzeugt wird, sondern gleichzeitig die beiden anderen Eckpunkte des Läufers sich entlang der Zykloide bewegen müssen. In dem Bild der überlagerten Kreisbewegungen von Figur 2 müssen sich demnach zwei zusätzliche kleine Kreise (Mittelpunkte um $\frac{2\pi}{3}$ bzw. $\frac{4\pi}{3}$ verschoben) auf dem großen Kreis drehen. Damit die Bewegung des Läufer - Dreiecks hineinpaßt, müssen die Perioden durch die Beziehung

$$p_1 = 3p_2$$

verknüpft sein. In diesem Fall tritt nach Verschiebung der drei kleinen Kreise entlang des großen Kreises um $\frac{2\pi}{3}$ wieder die gleiche Situation wie zu Beginn ein. Die Forderung nach 3 Kammern führt also auf

$$\frac{a}{a - b} = 3 \ .$$

Hieraus folgt, daß das Verhältnis zwischen den Radien  a  und  b

$$\frac{a}{b} = \frac{3}{2}$$

sein muß.

Eine volle Umdrehung eines Läufer‐Eckpunktes erfolgt für

$$0 \le t \le 4\pi \ , \qquad 0 \le \alpha \le 6\pi \ ;$$

die Parameterdarstellung der für den Wankelmotor notwendigen Zykloide ist somit

$$x(t) = d \, \sin \frac{t}{2} - (a-b) \, \sin \frac{3t}{2}$$
$$y(t) = d \, \cos \frac{t}{2} - (a-b) \, \cos \frac{3t}{2} \ ,$$

mit $\ a-b = \dfrac{a}{3} = \dfrac{b}{2} \ .$

An dieser Stelle soll diskutiert werden, welche Art von Zykloide vorliegt. Bisher haben wir die Bewegung als Planetenbewegung gedeutet (Fig. 2) mit den Radien $d$ und $(a-b)$. Mit anderen Radien läßt sich die Bewegung auch als Abrollvorgang ansehen, bei der ein Kreis vom Radius $r$ auf einem Kreis vom Radius $R$ abrollt. Ein Punkt auf der $r$‐Kreisscheibe im Abstand $\lambda r$ zum $r$‐Mittelpunkt bewegt sich dann entlang der Zykloide.

Diese Abrollbewegung läßt sich darstellen durch

$$x = (R+r) \, \sin \psi - \lambda r \, \sin \frac{R+r}{r} \, \psi$$
$$y = (R+r) \, \cos \psi - \lambda r \, \cos \frac{R+r}{r} \, \psi \ .$$

Durch Vergleich findet man folgende Beziehungen zur Planetenbewegung:

$$\psi = \frac{t}{2}, \ R = \frac{2}{3} d \ , \ r = \frac{d}{3} \ , \ \lambda = \frac{a}{d} \ .$$

Den Zahlenwerten $d = 7$, $a = 3$, $b = 2$ entsprechen die Werte

$$R = \frac{14}{3} \ , \quad r = \frac{7}{3} \ , \quad \lambda = \frac{3}{7} \ .$$

Diese Art von Abrollbewegung eines Kreises <u>auf</u> einem anderen Kreis ist eine Epitrochoide, lediglich der Spezialfall $\lambda = 1$, also $d = a$, führt zu einer Epizykloide. In der Figur 3 sind die Kreise der Planetenbewegung gestrichelt, die der Abrollbewegung ausgezogen gezeichnet.

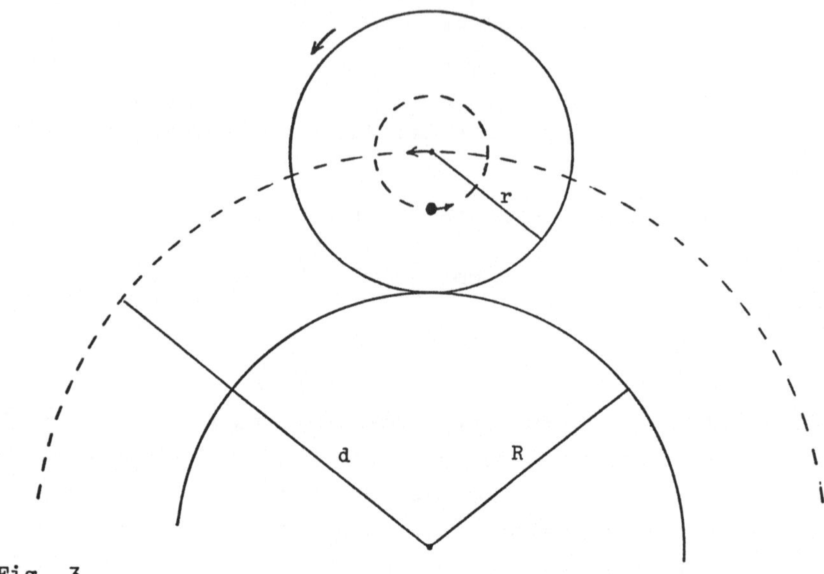



Fig. 3

Das Verhältnis der Abrollradien ist 2 : 1, der kleine Kreis rollt bei einem Umlauf genau zweimal ab; er führt dabei drei Drehungen aus.

Die Figur 4 zeigt für a = 3, b = 2 und drei Werte von d (d = 3, d = 5, d = 7) die zugehörigen Zykloiden.

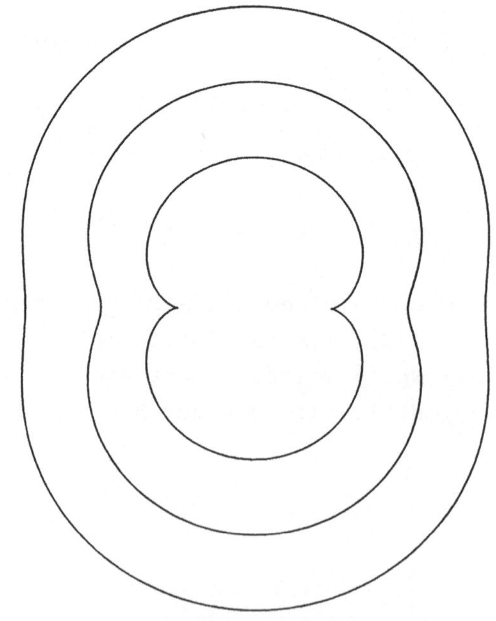

Fig. 4

Die Epitrochoide des Wankelmotors ist symmetrisch zu den $x-y-$Achsen. Der Abstand der Trochoide zum $O-$Punkt hat zwei Maxima und zwei Minima. Bei einem Umlauf nimmt das Volumen einer jeden Kammer folglich zwei maximale und zwei minimale Werte an. Entsprechend ist der Wankelmotor ein Viertaktmotor: Die vier Phasen Ansaugen, Verdichten, Arbeiten und Ausschieben kann man den Maxima und Minima zuordnen. Drei der vier Takte finden gleichzeitig statt.

Es bleibt noch die Berechnung des Bahn-Umfangs für einen festen Punkt auf dem Läufer. Diese Bogenlänge  L  berechnet sich aus

$$L = \int_{0}^{4\pi} \sqrt{\dot{x}^2 + \dot{y}^2} \; dt \; .$$

Nach Einsetzen von

$$\dot{x} = \frac{d}{2} \cos \frac{t}{2} - \frac{3}{2}(a-b) \cos \frac{3t}{2}$$

$$\dot{y} = -\frac{d}{2} \sin \frac{t}{2} + \frac{3}{2}(a-b) \sin \frac{3t}{2}$$

erhält man

$$L = \frac{1}{2} \int_{0}^{4\pi} \left( d^2 + 9(a-b)^2 - 6d(a-b)\left( \cos \frac{t}{2} \cos \frac{3t}{2} + \sin \frac{t}{2} \sin \frac{3t}{2} \right) \right)^{1/2} dt.$$

Mit Hilfe der Additionstheoreme der trigonometrischen Funktionen formen wir um:

$$\cos \frac{t}{2} \cos \frac{3t}{2} + \sin \frac{t}{2} \sin \frac{3t}{2} = \cos \left( \frac{3t}{2} - \frac{t}{2} \right)$$

$$= \cos t = 2 \cos^2 \frac{t}{2} - 1 \; ,$$

also

$$L = \frac{1}{2} \int_{0}^{4\pi} \left( d^2 + 9(a-b)^2 + 6d(a-b) - 12d(a-b) \cos^2 \frac{t}{2} \right)^{1/2} dt$$

$$= \frac{1}{2} \int_{0}^{4\pi} \left( (d + 3(a-b))^2 - 12d(a-b) \cos^2 \frac{t}{2} \right)^{1/2} dt.$$

Die Substitution  $t = 2\varphi$  ergibt

$$L = \int_0^{2\pi} \sqrt{(d + 3(a-b))^2 - 12d(a-b)\cos^2\varphi}\; d\varphi$$

$$= (d + 3(a-b)) \int_0^{2\pi} \sqrt{1 - \frac{12d(a-b)}{(d + 3(a-b))^2}\cos^2\varphi}\; d\varphi .$$

Mit den Abkürzungen

$$A \;:=\; d + 3(a-b) \;=\; a + d$$

$$k^2 \;:=\; \frac{12d(a-b)}{(d + 3(a-b))^2} \;=\; \frac{4ad}{(a+d)^2}$$

haben wir die Bogenlänge durch ein elliptisches Integral 2. Gattung
ausgedrückt.

$$L = A \int_0^{2\pi} \sqrt{1 - k^2\cos^2\varphi}\; d\varphi \; .$$

Derartige Integrale sind im allgemeinen nicht in geschlossener Form
lösbar. Lediglich im Sonderfall  $k^2 = 1$  (hier  $d = 3$,  $a = 3$,  $b = 2$,
also Epizykloide) gilt

$$L = A \int_0^{2\pi} |\sin\varphi|\; d\varphi = 2A \int_0^{\pi} \sin\varphi\; d\varphi = 4A \; .$$

Ein Punkt auf dem Läuferkreis  $K_L$  führt bei einer vollen Umdrehung
demnach eine Bewegung mit Weglänge  $L = 24$  aus. Für den Weg eines
Läufer – Eckpunktes ergibt sich bei unseren Zahlenwerten  $(d = 7)$

$$k^2 = 0.84, \quad A = 10 \; .$$

Hier ist man auf eine Tabelle oder auf numerische Näherungsverfah-
ren angewiesen. Zunächst bringen wir das Integral auf eine "Stan-
dardform" (Legendre – Form). Es gilt

$$\int_0^{2\pi} \sqrt{1 - k^2\cos^2\varphi}\; d\varphi = 4 \int_0^{\pi/2} \sqrt{1 - k^2\cos^2\varphi}\; d\varphi = 4 \int_0^{\pi/2} \sqrt{1 - k^2\sin^2\varphi}\; d\varphi \; ,$$

das letztere der Integrale wird mit $E(k)$ bezeichnet, es ist das vollständige elliptische Integral 2. Art. Damit ist die Bogenlänge der Epitrochoide gegeben durch

$$L = 4A\,E(k)\ .$$

Für $k^2 = 0.84$ ergibt die Tabelle (oder das Computerprogramm für $E(k)$) den Wert $E(k) = 1.15065\ldots$, also ist die Bogenlänge bei unseren Zahlenwerten

$$L \approx 46\ .$$

Die Berechnung des elliptischen Integrals $E(k)$ soll hier nur kurz angedeutet werden.

Das Integral, umgeformt zu

$$E(k) = \int_{0}^{\pi/2} \sqrt{\cos^2\varphi + (1-k^2)\sin^2\varphi}\ \, d\varphi,$$

kann mit Hilfe der Bartky – Transformationen in eine Folge von Integralen

$$E(k) = \int_{0}^{\pi/2} G_\nu(R_\nu)\, d\varphi\ , \quad \nu = 0,1,2,\ldots$$

umgeformt werden, mit Funktionen $G_\nu$ und

$$R_\nu = \sqrt{m_\nu^2\cos^2\varphi + n_\nu^2\sin^2\varphi}\ ,$$

$$m_0 = 1, \quad n_0 = \sqrt{1-k^2}$$

$$m_\nu = \frac{1}{2}\left(m_{\nu-1} + n_{\nu-1}\right)\ , \quad n_\nu = \sqrt{n_{\nu-1}m_{\nu-1}}\quad (\nu \geq 1)\ .$$

Die Folge der $m_\nu, n_\nu$ strebt sehr rasch gegen den gemeinsamen Grenzwert des Gauß'schen arithmetisch geometrischen Mittels; nach wenigen (etwa $\ell$) Schritten gilt $m_\ell \doteq n_\ell$ und also

$$R_\ell = \sqrt{m_\ell^2\cos^2\varphi + n_\ell^2\sin^2\varphi} \doteq m_\ell\ .$$

(Im Beispiel war $k^2 = 0.84$ ; dann ist $\ell = 5$ und $|m_5 - n_5| \leq 10^{-12}$ .)
Das Integral mit dem Integranden $G_\ell(m_\ell)$ läßt sich dann elementar
integrieren. Details finden sich bei Sauer, Szabó: Band 3 .

*Literatur:*  O. Baier: Die Kinematik der Drehkolben- und Kreis-
kolbenmaschinen und ihre Fertigungsmöglichkeiten.
VDI - Berichte Nr. 45 (1960) 31 - 37.

über Zykloiden in der Geschichte:

S. Hildebrandt, A. Tromba: Mathematics and Optimal
Form. Scientific American Library, New York 1985 .

# Lateraler Abtastfehler beim Schallplattenspieler

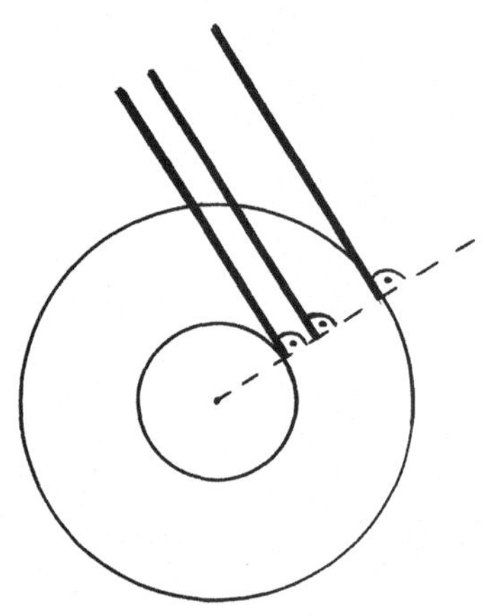

Das Schneiden einer herkömmlichen
Schallplatte erfolgt "tangential";
daher liegen in den Rillen die zu-
sammengehörigen Impulse genau "gegenüber". Nach Möglichkeit sollten
die auf den beiden Rillenflanken
sich entsprechenden Signale auch
gleichzeitig abgetastet werden,
andernfalls entstehen bei der Wie-
dergabe Verzerrungen. Ein fehler-
freies Abtasten von Schallplatten
ist mit einem "Tangentialtonarm"
zwar möglich, aber aufwendig. Kon-
struktiv einfacher sind die Ton-
arme, die in einem Punkt drehbar ge-
lagert sind. Bei diesen üblichen Tonarmen muß jedoch ein "tangen-
tialer Spurfehlerwinkel" $\gamma$ in Kauf genommen werden.

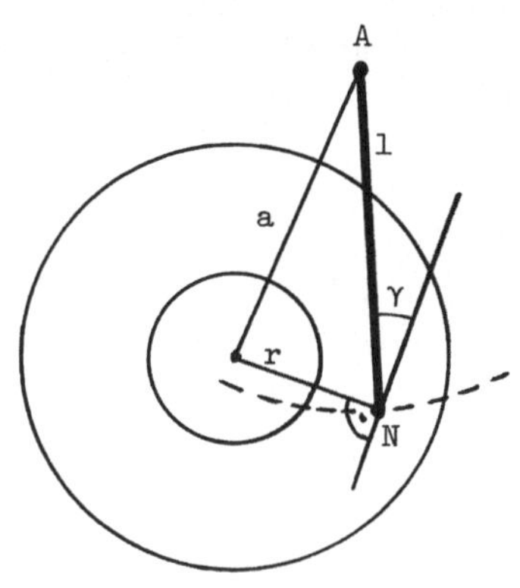

Der Winkel $\gamma$ könnte beliebig klein sein, wenn man nur die "Einbautiefe" a und die Länge 1 des Tonarms sehr groß wählen könnte. Diese beiden Größen unterliegen jedoch Beschränkungen: Es steht nur ein begrenztes Raumangebot zur Verfügung, beim Tonarm sind zusätzlich die mit der Länge zunehmende Masse und die Fähigkeit zur Eigenschwingung zu berücksichtigen. Überdies können die Größen a und 1 nicht unabhängig voneinander gewählt werden; ihr Definitionsbereich muß garantieren, daß <u>alle</u> Rillen abgetastet werden.

Das bedeutet, daß der Radius r (Abstand Nadel N zum Plattenmittelpunkt) alle Werte zwischen dem "Innenradius" $R_i$ und dem "Außenradius" $R_a$ annehmen muß:

$$R_i \leq r \leq R_a \ .$$

$R_i$ entspricht der innersten Rille einer Schallplatte, $R_a$ der äußersten.

Eine einfache geometrische Überlegung (Fig. 1) hilft hier weiter:

Zeichnet man zur Schallplatte die beiden extremen Nadel- und Auflagepositionen N,A bzw. N',A' ein (die Nadel darf nicht im schraf-

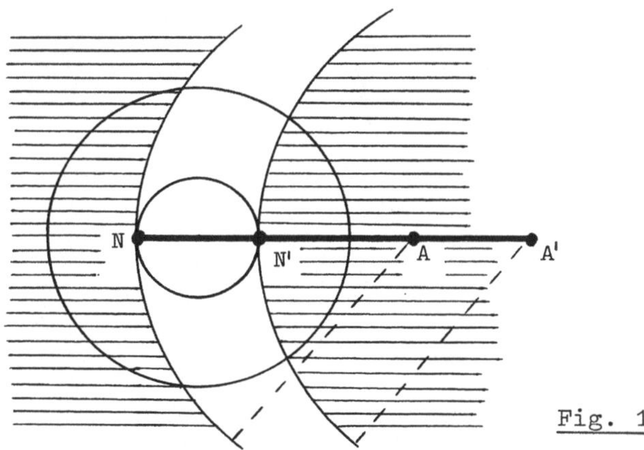



Fig. 1

fierten Bereich laufen), so liest man ab, daß $a - R_i < 1 < a + R_i$ gelten muß. Dies ist äquivalent zur Bedingung $|1 - a| < R_i$ . Ist diese Ungleichung erfüllt, so nimmt die Variable $r$ sowohl den Wert $R_a$ als auch $R_i$ an.

Der Spurfehlerwinkel $\gamma$ hängt nicht nur von $a$ und $1$ ab, sondern auch vom *Kröpfungswinkel* $\beta$ . Durch Variieren von $a, 1$ und $\beta$ soll versucht werden, den Spurfehlerwinkel und damit die Verzerrung "minimal" zu halten. Die Bedingung $|1 - a| < R_i$ hindert $a$ und $1$ nicht, unrealistisch große Werte anzunehmen. Wir werden daher im folgenden eine der drei Größen $a, 1, \beta$ als fest vorgegeben annehmen. Der Optimierungsprozeß soll dann die beiden "freien" Parameter bestimmen. Die Abspielbedingung $|1 - a| < R_i$ wird dann von selbst erfüllt sein.

*Aufgabe:*

> Der Tonarm eines Plattenspielers ist im Punkt $A$ drehbar gelagert. Beim Abspielen beschreibt die Nadelspitze $N$ einen kreisbogenförmigen Weg (vgl. Skizze). Die Längsrichtung des Tonabnehmers schließt mit der Rillentangente den *tangentialen Spurfehlerwinkel* $\gamma$ ein.
>
> 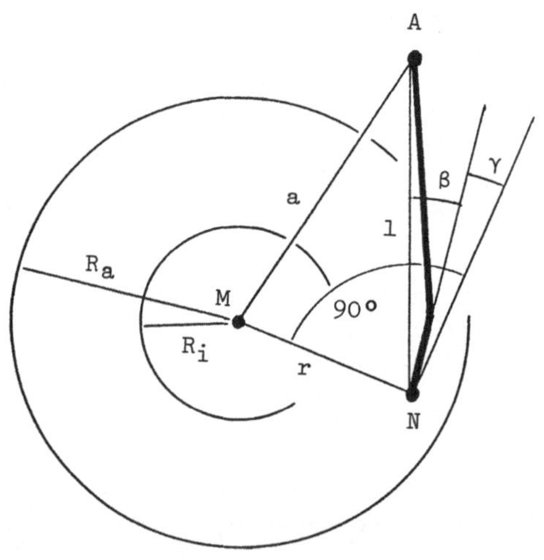
> 
>
> $1$ : Abstand $\overline{AN}$
>
> $a$ : Abstand $\overline{AM}$
>
> $r$ : Abstand $\overline{MN}$
>
> $\beta$ : Kröpfungswinkel
>
> Beschränkungen für $r$ und $a$ :
>
> (D)
> $$R_i \leq r \leq R_a$$
> $$|a - 1| < R_i$$

Bei einer 30 cm-Langspielplatte gilt nach DIN-45547:

$$R_i = 5.75 \text{ cm}, \quad R_a = 14.63 \text{ cm} .$$

a) Man zeige: Für den Spurfehlerwinkel gilt

$$\gamma(r;a,l,\beta) = -\beta + \arcsin \frac{r^2 + l^2 - a^2}{2rl}$$

Definitionsbereich ist (D).

b) Man bestimme die Extrema von $\gamma$ in Abhängigkeit von $r$ (geometrische Bedeutung?).

Die durch $\gamma$ hervorgerufene Verzerrung ist bei Nadeln von elliptischem Querschnitt proportional zu

$$k(r;a,l,\beta) = \frac{\gamma}{r} .$$

Die Parameter $a,l,\beta$ müssen so bestimmt werden, daß $k$ auf (D) minimiert wird. Eine Näherung für das optimale $a,l,\beta$ bestimme man wie folgt:

c) Durch Abbrechen der Taylorentwicklung von arcsin nach dem ersten Glied ergibt sich eine Näherung $\tilde{k}(r;a,l,\beta)$.
   Man bestimme die Extrema $r_1,r_2,r_3$ von $\tilde{k}(r)$ auf (D).

d) Durch Gleichsetzen der Funktionswerte

$$\tilde{k}(r_2) = -\tilde{k}(r_1) = -\tilde{k}(r_3)$$

stelle man zwei Gleichungen

$$\beta = f_1(l,a) , \quad f_2(l,a) = 0$$

auf.

e) Welche Zahlenwerte ergeben sich für $l$ und $\beta$ , wenn die "Einbautiefe" mit $a = 19$ cm festliegt?

Die Beziehung für den Spurfehlerwinkel $\gamma$ folgt aus dem Kosinussatz:

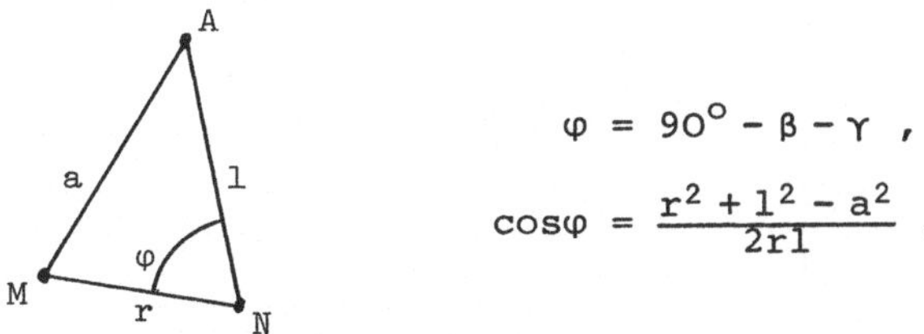


$$\varphi = 90° - \beta - \gamma ,$$

$$\cos\varphi = \frac{r^2 + l^2 - a^2}{2rl} .$$

Es folgt mit

$$\gamma = 90^\circ - \beta - \arccos \frac{r^2 + 1^2 - a^2}{2rl} = -\beta + \arcsin \frac{r^2 + 1^2 - a^2}{2rl}$$

die angegebene Formel.

Ein stationärer Wert des Spurfehlerwinkels $\gamma(r)$ berechnet sich aus

$$0 = \frac{\partial \gamma}{\partial r} = \frac{r^2 - 1^2 + a^2}{r\sqrt{(2rl)^2 - (r^2 + 1^2 - a^2)^2}} \; .$$

Aus der Geometrie ($\varphi \neq 0$) ist klar, daß weder hier der Nenner ver-
schwinden noch das Argument des arcsin den Wert 1 annehmen kann.
Die Gleichung $0 = \partial\gamma/\partial r$ ist erfüllt, wenn

$$r^2 + a^2 = 1^2 \quad \text{bzw.} \quad r = \sqrt{1^2 - a^2}$$

gilt. Nach dem Satz des Pythagoras bedeutet dies, daß $\gamma$ extremal
wird, wenn der Winkel bei M ein rechter Winkel ist. Wegen

$$r \gtrless \sqrt{1^2 - a^2} \quad \Big\rangle \quad \frac{\partial \gamma}{\partial r} \gtrless 0$$

liegt für $r = \sqrt{1^2 - a^2}$ und $1 > a$ ein Minimum vor, der Wert des
Minimums ist

$$\gamma\left(\sqrt{1^2 - a^2}\right) = -\beta + \arcsin \frac{\sqrt{1^2 - a^2}}{1}$$

$$= -\beta + \arccos \frac{a}{1} \; .$$

Das Optimierungsziel ist es, den Spurfehlerwinkel $\gamma$ "klein" zu halten. Eine Änderung der Werte von $a, 1, \beta$ bedeutet anschaulich

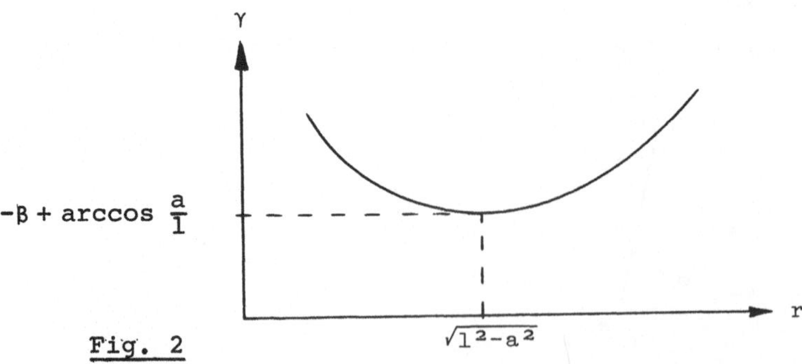


Fig. 2

eine Verschiebung des Graphen der Funktion $\gamma(r;a,l,\beta)$ in der $(r,\gamma)$-Ebene (Fig. 2). Die konvexe Gestalt des Graphen bleibt dabei qualitativ erhalten. Insbesondere bewirkt eine Veränderung des Kröpfungswinkels $\beta$ eine Verschiebung der Kurve nur in $\gamma$ - Richtung, das Auftreten von Nullstellen von $\gamma$ kann so erzwungen werden.

Es ist offensichtlich, daß für kleine Spurfehlerwinkel $\gamma(r)$ die Parameter $a,l,\beta$ wie folgt gewählt werden müssen: $\gamma(r)$ muß im Bereich $R_i < r < R_a$ zwei Nullstellen haben. Dann liegt das Minimum $\sqrt{l^2 - a^2}$ im "Inneren" mit negativem Wert $\gamma(\sqrt{l^2 - a^2})$, und an den "Rändern" $r = R_i$ , $r = R_a$ gibt es positive Maxima $\gamma(R_i)$, $\gamma(R_a)$. Der Spurfehlerwinkel $\gamma$ ist klein, wenn die absoluten Werte der drei Extrema ungefähr gleich groß sind (Fig. 3).

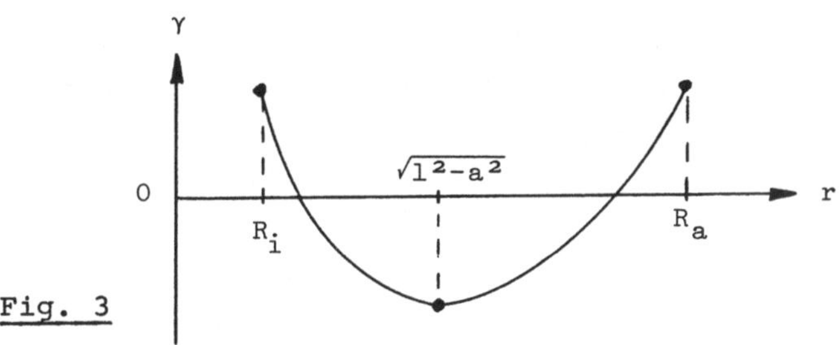


<u>Fig. 3</u>

Mit dieser Überlegung ist bereits eine grobe Bestimmung günstiger Parameterwerte möglich.

Zur Optimierung des Spurfehlerwinkels ist jedoch nicht der Spurfehlerwinkel zu minimieren, sondern die von ihm bewirkte Verzerrung. Wir wollen nun überlegen, warum die Funktion

$$k(r;a,l,\beta) := \frac{1}{r}\,\gamma(r;a,l,\beta)$$

ein Maß für die Verzerrung ist. Hierbei wird vorausgesetzt, daß die Nadel einen elliptischen Querschnitt hat.

Da die Schallplatte mit konstanter Winkel - Geschwindigkeit dreht, müssen die Informationen in einer inneren Rille wegen des geringen inneren Umfangs erheblich dichter geschnitten sein als außen.

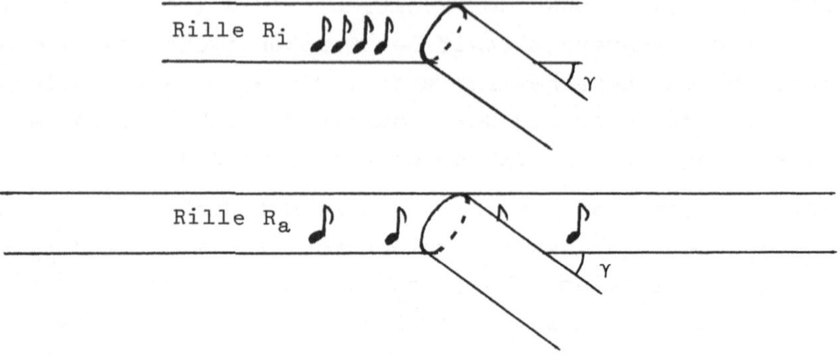


Die Informationsdichte ist demnach proportional zu $\frac{1}{r}$ . Die durch einen Spurfehlerwinkel $\gamma \neq 0$ hervorgerufene "Voreilung" der Abspielna-
del auf einer Rillenflanke ist ungefähr proportional zu $\gamma$ (wegen
$\tan \gamma \approx \gamma$ für kleine $|\gamma|$). Also ist die Verzerrung proportional zur Informationsdichte * Voreilung, zu

$$\frac{1}{r} \cdot \gamma = k \ .$$

Das Problem der Minimierung der Verzerrung läßt sich nun wie folgt
formulieren: Man bestimme zwei der drei Konstanten $\beta,1,a$ derart,
daß

$$F(a,1,\beta) \ := \ \max_{R_i \leq r \leq R_a} \ |k(r;a,1,\beta)|$$

minimal wird (Čebyšev - Approximation). Da $k(r)$ von ähnlicher Gestalt
ist wie $\gamma(r)$, liegen hier ebenfalls ein Minimum sowie zwei Randmaxima vor. Die Überlegungen zur Optimierung von $k(r)$ gelten analog wie
bei $\gamma(r)$: Wenn es möglich ist, die Gleichungen

$$k(r_2) \ = \ -k(R_i)$$

$$k(R_i) \ = \ \ k(R_a)$$

zu erfüllen, dann dürfte das Minimum gefunden sein. Der unbekannte
Radius $r_2$, für den das Minimum von $k(r)$ angenommen wird, ist definiert durch die Gleichung

$$\frac{\partial k(r_2)}{\partial r} = 0 \ .$$

Das sind drei Gleichungen für die drei Unbekannten $r_2, \beta$ und a oder
l . Nach Ausführung der Differentiation lautet die dritte Gleichung

$$- \frac{k}{r} + \frac{r^2 - l^2 + a^2}{r^2 \sqrt{(2rl)^2 - (r^2 + l^2 - a^2)^2}} = 0 .$$

Die Lösung dieser drei Gleichungen erfolgt zweckmäßig mit dem Newton-
Verfahren. Um die Konvergenz des Newton - Verfahrens zu erleichtern,
muß eine "gute" Näherung für die Lösung dieser drei Gleichungen bestimmt werden. Hierzu lösen wir vereinfachte Gleichungen, die sich
durch Linearisierung der Verzerrungsfunktion ergeben. Wegen

$$\arcsin x = x + \frac{x^3}{6} + \ldots, \quad |x| < 1$$

ist

$$\tilde{k} := \frac{1}{r} \left( -\beta + \frac{r^2 + l^2 - a^2}{2rl} \right) = -\frac{\beta}{r} + \frac{1}{2l} \left( 1 + \frac{l^2 - a^2}{r^2} \right)$$

eine Näherung für die Verzerrung $k$ . Der Radius $r_2$ , für den $\tilde{k}(r)$
minimal wird, kann bei dieser einfachen Beziehung explizit ausgerechnet werden: Die Ableitung

$$\frac{\partial \tilde{k}}{\partial r} = \frac{1}{r^2} \left( \beta - \frac{l^2 - a^2}{lr} \right)$$

hat die Nullstelle bei

$$r_2 = \frac{l^2 - a^2}{l\beta} ,$$

hier liegt ein Minimum vor. Bei vernünftiger Wahl der Parameter $l, a, \beta$
treten Randmaxima auf für $r_1 = R_i$ und $r_3 = R_a$.

Damit hat man die drei Extremwerte

$$\tilde{k}(r_1) = -\frac{\beta}{R_i} + \frac{1}{2l} \left( 1 + \frac{l^2 - a^2}{R_i^2} \right)$$

$$\tilde{k}(r_2) = \frac{1}{2l} - \frac{l\beta^2}{2(l^2 - a^2)}$$

$$\tilde{k}(r_3) = -\frac{\beta}{R_a} + \frac{1}{2l} \left( 1 + \frac{l^2 - a^2}{R_a^2} \right) .$$

Durch Umformungen der zwei verbliebenen Gleichungen

$$\tilde{k}(r_2) = -\tilde{k}(R_i)$$

$$\tilde{k}(R_i) = \tilde{k}(R_a)$$

gewinnt man einfache Beziehungen zwischen den zu bestimmenden Parametern $\beta$,a oder l :

Aus der zweiten Gleichung erhält man

$$\beta \left( \frac{1}{R_a} - \frac{1}{R_i} \right) = \frac{l^2 - a^2}{2l} \left( \frac{1}{R_a^2} - \frac{1}{R_i^2} \right) \ ,$$

und, nach $\beta$ aufgelöst

$$\beta = c_1 \frac{l^2 - a^2}{2l} \ ,$$

wobei

$$c_1 = \frac{R_i + R_a}{R_i R_a}$$

eine von den Radien abhängige Konstante ist.

Umformung der ersten Gleichung $\tilde{k}(r_2) + \tilde{k}(R_i) = 0$ ergibt mit

$$\frac{1}{l} = \frac{\beta^2}{4} \frac{2l}{l^2 - a^2} + \frac{\beta}{R_i} - \frac{l^2 - a^2}{2l} \frac{1}{R_i^2}$$

$$= \left( \frac{c_1^2}{4} + \frac{c_1}{R_i} - \frac{1}{R_i^2} \right) \frac{l^2 - a^2}{2l}$$

eine implizite Gleichung für l und a :

$$l^2 - a^2 = c_2 ,$$

die Konstante $c_2$ ist bestimmt durch

$$c_2 = \frac{8}{c_1^2 + \dfrac{4}{R_i R_a}} \ .$$

Wir fassen zusammen: Durch Vereinfachung der ursprünglich drei Gleichungen haben wir die zwei elementaren Beziehungen

$$\left. \begin{array}{c} 1^2 - a^2 = c_2 \\[2mm] 1\beta = c_3 \end{array} \right\} \quad , \quad c_3 = \frac{c_1 c_2}{2}$$

ermittelt, aus denen sich sehr einfach Näherungen für die zwei optimalen Parameter $\beta$, a oder 1 berechnen lassen.

Legt man die Radien von DIN-45547 zugrunde ($R_i = 5.75$, $R_a = 14.63$ cm) und berechnet die Konstanten, so lauten die beiden Beziehungen

$$1^2 - a^2 = 75.3 \ , \quad \beta 1 = 9.12 \ .$$

Liegt beispielsweise die Einbautiefe mit a = 19 cm fest, so ergeben sich aus diesen Formeln für Tonarmlänge und Kröpfungswinkel die Werte

$$1 = 20.9 \ \text{cm}, \ \beta = 0.437 = 25^\circ \ .$$

Löst man, ausgehend von diesen Näherungen, das volle System

$$k(r_2) + k(R_i) = 0$$

$$k(R_i) - k(R_a) = 0$$

$$\frac{\partial k(r_2)}{\partial r} = 0$$

mit dem Newton-Verfahren, so erhält man den wahren $r_2$-Wert (er interessiert hier nicht) und die Werte

$$1 = 20.9 \ \text{cm} \ , \quad \beta = 25.9^\circ \ .$$

Es fällt auf, daß der Näherungswert von 1 mit dem exakten Wert auf wenigstens drei Stellen übereinstimmt; ein mit der Formel

$$1^2 - a^2 = c_2$$

berechneter Wert für a oder 1 ist also so genau, daß er nicht verbessert werden muß. Dagegen bedarf der aus

$$1\beta = c_3$$

berechnete Wert für $\beta$ einer Korrektur.

Da eine Veränderung des Kröpfungswinkels nur eine Verschiebung des
Funktionsverlaufes bedeutet, kann ein besserer Wert für $\beta$ sehr
leicht auch ohne Lösung des vollen Sytems bestimmt werden (z.B. graphisch).

Der Grund für die unzureichende Genauigkeit, welche die Gleichung
$1\beta = c_3$ liefert, ist folgender: Wegen

$$\beta \approx \arcsin x, \quad x = \frac{r^2 + 1^2 - a^2}{2r1}$$

tritt bei der Subtraktion $\beta - \arcsin x$ "Auslöschung" auf, hier führt
die Linearisierung zu starkem Genauigkeitsverlust. Beispielsweise ergibt sich für $\beta = 0.4708$, $a = 19$, $1 = 21.35$, $r = 7$

$$-\beta + \arcsin x = 0.0312 \qquad \text{(richtig)}$$
$$-\beta + x \qquad\quad = 0.0104 \qquad \text{(völlig falsch)}$$

*Abhängigkeit der Optimierung von* $R_i$

Die Optimierung ist stark von der Wahl des äußeren und insbesondere
des inneren Radius abhängig. Die DIN - 45547 - Norm geht mit dem "kleinen" Radius $R_i = 5.75$ cm von einem extremen Fall aus, der bei 30 cm -
Schallplatten selten erreicht wird. Wählt man stattdessen etwa $R_i = 7$cm,
so verschieben sich die Resultate beträchtlich:

*Beispiel:* $R_i = 7$, $R_a = 14.5$ führt auf die beiden Formeln
$1^2 - a^2 = 94.9$, $\beta 1 = 10.05$. Für $a = 19$ cm folgt nun $1 = 21.4$ cm,
$\beta = 0.471 = 27^\circ$.

Dieses Beispiel mag als Warnung dienen: Eine sehr genaue Optimierung
des Spurfehlerwinkels ist nicht notwendig sinnvoll, für jede Schallplatte ist der optimale Wert ein anderer.

In Figur 4 sind für $a = 19$ cm und den Bereich der DIN - 45547 - Norm
die Graphen von Verzerrung $k$ und Spurfehlerwinkel $\gamma$ aufgezeichnet.

Die Figur 5 zeigt (im gleichen Maßstab wie Fig. 4) die Resultate für
$R_i = 7$ cm, wiederum für $a = 19$ cm. Der Vergleich beider Figuren macht
die erheblich günstigeren Werte der Verzerrung bei einem Innenradius
$R_i = 7$ cm deutlich.

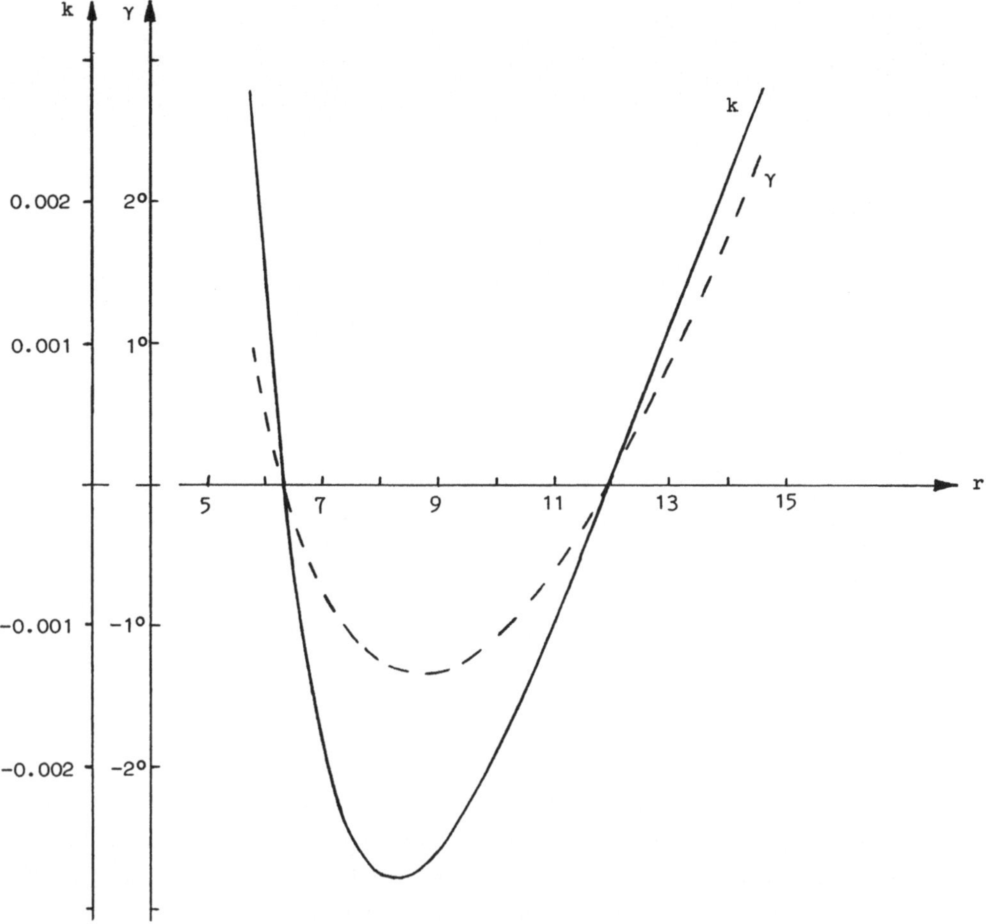


Fig. 4:   Optimierung für DIN-45547

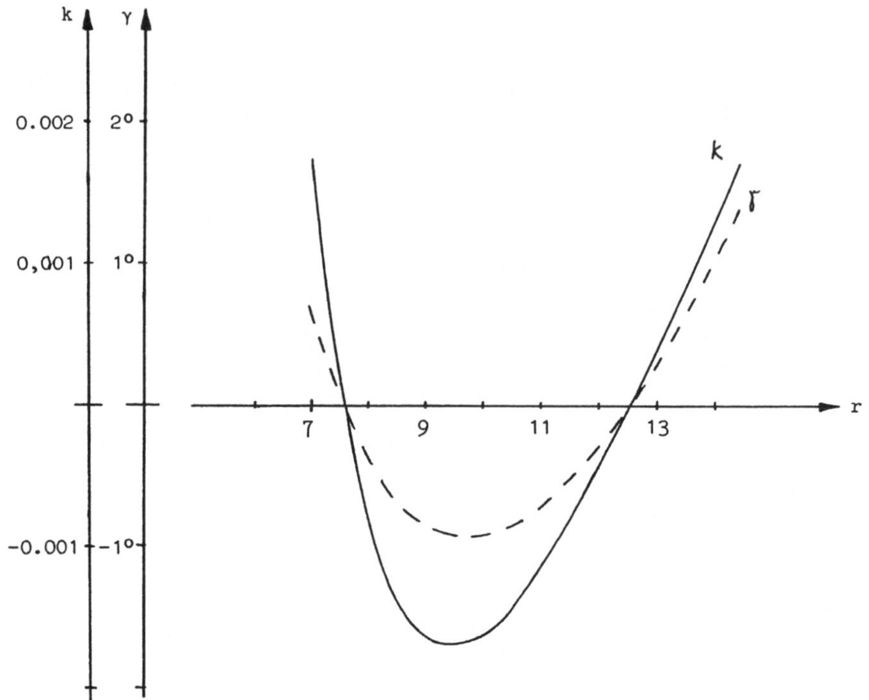



**Fig. 5:**  Optimierung bei einem Innenradius von 7 cm

Abschließend werden in zwei Tabellen die strengen Lösungen für ausge-
wählte Werte der Parameter angegeben (erhalten durch Lösen des vollen
Gleichungssystems mit Hilfe des Newton‑Verfahrens). Bei Bedarf lassen
sich Zwischenwerte durch Interpolation ermitteln.

| a [cm] | l [cm] | β [°] |
|---|---|---|
| 18. | 19.99 | 27.19 |
| 18.5 | 20.44 | 26.54 |
| 19. | 20.89 | 25.92 |
| 19.5 | 21.35 | 25.32 |
| 20. | 21.80 | 24.76 |
| 20.5 | 22.26 | 24.21 |
| 21. | 22.72 | 23.69 |
| 21.5 | 23.19 | 23.19 |
| 22. | 23.65 | 22.70 |

**Tab. 1:**  optimale Parameter für $R_i = 5.75$, $R_a = 14.63$ cm
(DIN‑45547)

| a [cm] | l [cm] | $\beta$ [°] |
|---|---|---|
| 18. | 20.47 | 29.43 |
| 18.5 | 20.91 | 28.75 |
| 19. | 21.35 | 28.10 |
| 19.5 | 21.80 | 27.48 |
| 20. | 22.25 | 26.88 |
| 20.5 | 22.70 | 26.30 |
| 21. | 23.15 | 25.75 |
| 21.5 | 23.61 | 25.22 |
| 22. | 24.06 | 24.71 |

<u>Tab. 2</u>: optimale Parameter für $R_i = 7$, $R_a = 14.5$ cm

*Skatingkraft*. Die Skatingkraft steht in engem Zusammenhang mit der hier diskutierten Problemstellung, wir wollen die Größe dieser Kraft abschließend berechnen.

Tangential zur Rillenflanke wirkt auf die Abtastnadel eine Reibungskraft  p , welche am Drehpunkt  A  ein Drehmoment  q  bewirkt (*Skatingkraft*). Wir fassen  l  als Vektor auf und erhalten für das Vektorprodukt  q = p × l

$$|q| \;=\; |p|\,|l| \; \sin\,(\beta + \gamma)$$

$$\phantom{|q|} \;=\; |p|\,|l|\; \frac{r^2 + l^2 - a^2}{2r\,|l|}$$

$$\phantom{|q|} \;=\; |p|\; \frac{r^2 + l^2 - a^2}{2r}$$

Die Skatingkraft  $|q|$  ist damit proportional zu

$$r + \frac{c_2}{r}\;.$$

Wegen  l > a  gilt  $|q| \neq 0$ , die Skatingkraft weist also nur in eine Richtung.

# Stereosendungen beim Rundfunk, Amplitudenmodulation

Niederfrequente Schwingungen (Sprache, Musik) benötigen zur drahtlo-
sen Übertragung eine energiereiche hochfrequente Schwingung als Träger. Hierbei wird die Trägerschwingung durch die niederfrequente Information moduliert, beispielsweise durch Modulation der Amplitude.
Im folgenden wird zunächst die Amplitudenmodulation diskutiert; es
folgt danach als wichtige Anwendung die Bildung des *Multiplexsignales*
bei der stereophonen Rundfunkübertragung. Um einige Begriffe wie
Hüllkurve oder Phasenwechsel kennenzulernen, wird empfohlen, zu der
Lösung der folgenden Aufgabe saubere Zeichnungen anzufertigen.

Wir nehmen hier als Träger eine cosinus- (oder sinus-)förmige Schwingung an,

$$A \cos 2\pi Nt$$

(N "groß"). Um die bei der Modulation auftretenden Signale leicht verstehen zu können, konzentrieren wir uns auf die einfache niederfrequente Schwingung

$$a \cos 2\pi nt$$

(n "klein"). Der Bereich der bei Sprache und Musik auftretenden Niederfrequenz ist etwa

$$20 < n < 20\ 000\ \text{Hz}\ ,$$

die Hochfrequenz liegt darüber. Beispiele für Amplitudenmodulation
lassen sich am einfachsten mit (unrealistisch) kleinen Frequenzen
skizzieren, wie  n = 1 , N = 5 .

*Aufgabe 1:*

> Eine *amplitudenmodulierte* hochfrequente Schwingung sei gegeben
> durch
>
> $$\varphi(t) = (A + a \cos (2\pi nt)) \cos (2\pi Nt)\ .$$
>
> A,N,a,n  bedeuten Amplitude und Frequenz der Hoch- bzw. Nieder-
> frequenzschwingung.
>
> a) Welche Frequenzen strahlt die Sendeantenne aus?
>    (*Träger, Seitenbänder*)

b) Zur Veranschaulichung skizziere man $\varphi(t)$
für $A = 3$, $N = 5$, $a = 1$, $n = 1$ (kariertes Papier).

c) Bei der *Doppelseitenband* - Übertragung (DSB) wird der Träger
$\varphi_\tau = A \cos 2\pi Nt$ herausgesiebt und es werden nur die Seitenbänder übertragen:

$$\varphi_{DSB} := \varphi - \varphi_\tau \ .$$

Man fertige eine sorgfältige Skizze von $\varphi_{DSB}$ an !

d) Man vergleiche die Vorzeichenverteilung von $\varphi_{DSB}$ mit derjenigen
von $\varphi_\tau$ (Phasensprünge werden sichtbar).


Die Amplitude $A$ der hochfrequenten Trägerschwingung

$$\varphi_\tau = A \cos 2\pi Nt$$

wird moduliert mit der speziellen niederfrequenten Schwingung
$a \cos 2\pi nt$ , d.h. aus $\varphi_\tau$ wird mit Hilfe einer geeigneten Verstär-
kerschaltung

$$\varphi(t) = (A + a \cos 2\pi nt) \cos 2\pi Nt$$

gebildet. Nach den Additionstheoremen der trigonometrischen Funktionen läßt sich $\varphi(t)$ umformen:

$$\varphi(t) = A \cos 2\pi Nt + \frac{a}{2} 2 \cos 2\pi nt \cos 2\pi Nt$$

$$= A \cos 2\pi Nt + \frac{a}{2} ( \cos(2\pi nt - 2\pi Nt) + \cos(2\pi nt + 2\pi Nt))$$

$$= A \cos 2\pi Nt + \frac{a}{2} \cos (N - n) 2\pi t + \frac{a}{2} \cos (N + n) 2\pi t.$$

Diese Summen - Darstellung zeigt, aus welchen Frequenzen sich die amplitudenmodulierte Schwingung zusammensetzt:

Neben der Trägerfrequenz $N$ treten noch die "untere Seitenfrequenz"
$N - n$ und die "obere Seitenfrequenz" $N + n$ auf. Mehrere Seitenfrequenzen (n variabel) bilden das sogenannte "Seitenband".

Zum Skizzieren der amplitudenmodulierten Schwingung ist die ursprüngliche Produktdarstellung geeigneter. Diese Darstellung zeigt, daß der
niederfrequente Faktor die Amplitude und damit Hüllkurve des hochfrequenten Faktors ist. Das legt folgendes Vorgehen beim Skizzieren
nahe:

Zweckmäßig zeichnet man zuerst die *Hüllkurven*, d.h. den niederfrequenten Faktor mit beiden Vorzeichen. Dann markiert man die Nullstellen des hochfrequenten Faktors sowie die "Berührstellen" beider Faktoren. Nach diesen Vorarbeiten ist es leicht, das Produkt beider Schwingungen zu zeichnen. Zeichenpapier mit senkrechten Linien (kariertes Papier) erleichtert das Zeichnen. Die technische Durchführung einer solchen Zeichnung ist hier beschrieben worden, da jeder Leser die Zeichnungen selbst ausführen sollte, um das Verständnis der folgenden Ausführungen zu vertiefen.

Der niederfrequente Faktor

$$A + a \cos 2\pi n t$$

hat keine Nullstellen, bei den gewählten Zahlenwerten $A = 3$, $a = 1$, $n = 1$ ist er schnell gezeichnet (Fig. 1).

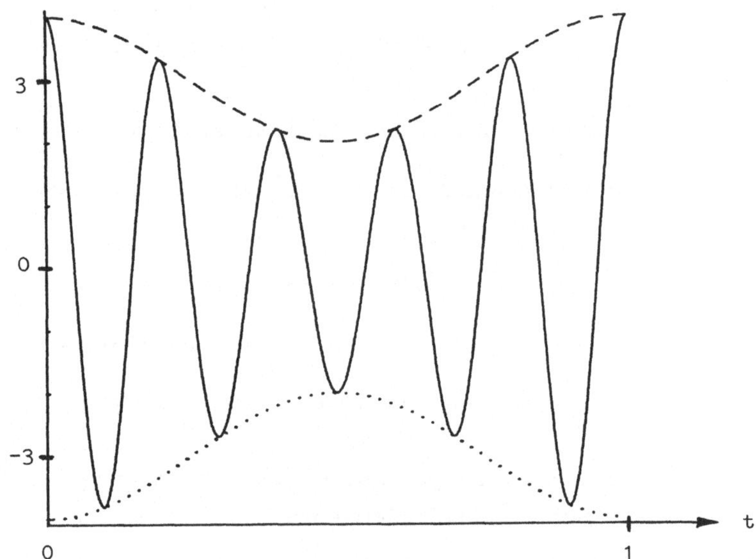


Fig. 1    Amplitudenmodulation

———— $(3 + \cos 2\pi t) \cos 10\pi t$

------ $(3 + \cos 2\pi t)$

······ $-(3 + \cos 2\pi t)$

} Hüllkurven

Die "hochfrequente" Schwingung $\cos 10\pi t$ hat im Intervall $0 \leq t \leq 1$
die Nullstellen

$$t = \frac{1}{20}, \frac{3}{20}, \ldots, \frac{19}{20} .$$

Die "Berührstellen" mit der Niederfrequenz sind durch $\cos 10\pi t = +1$
gegeben, also

$$t = 0, \frac{1}{5}, \frac{2}{5}, \ldots, 1 ,$$

die Berührstellen mit der negativen Niederfrequenz ($\cos 10\pi t = -1$)
sind

$$t = \frac{1}{10}, \frac{3}{10}, \ldots, \frac{9}{10} .$$

Nach diesen vorbereitenden Berechnungen muß man die entsprechenden
Punkte nur noch durch eine glatte Kurve verbinden. Man beachte, daß
diese "Berührstellen" mit der Hüllkurve nicht die Extremwerte sind,
sondern Punkte mit gleicher Tangente.

In Fig. 1 wird sichtbar, wie die Amplitude im Rhythmus der Niederfrequenz variiert. (Damit keine Mißverständnisse auftreten, sei darauf
hingewiesen, daß in den Anwendungen die Trägerfrequenzen im MHz - Bereich oder im kHz - Bereich liegen).

Wir hatten ausgerechnet, daß die amplitudenmodulierte Schwingung aus
3 Frequenzen besteht, nämlich aus Trägerfrequenz und zwei Seiten-
bandfrequenzen. Jede dieser drei Informationen ist in den beiden anderen enthalten, kann also vor dem Senden herausgesiebt und im Empfänger zurückgewonnen werden. Die ursprüngliche niederfrequente Information steckt allein in den Seitenbändern, der Träger enthält keinen
Anteil an der Nachricht.

Zur Aussendung der Trägerfrequenz muß der Sender - Endverstärker eine
relativ hohe Leistung aufbringen. Es ist daher sinnvoll, den Träger
herauszusieben. Bei der Doppelseitenband (DSB) - Modulation werden nur
die beiden Seitenbänder übertragen:

$$\varphi_{DSB} = \varphi - \varphi_\tau .$$

In unserem Beispiel ist

$$\varphi_{DSB} = a \cos 2\pi n t \cos 2\pi N t$$

$$= \frac{a}{2} \cos (N-n)2\pi t + \frac{a}{2} \cos (N+n)2\pi t.$$

$\varphi_{DSB}$ kann mit der gleichen Technik gezeichnet werden, wie sie bei
Fig. 1 angewendet wurde. Die Nullstellen sind hier die gleichen, jedoch wechselt die Hüllkurve ihr Vorzeichen (Fig. 2).

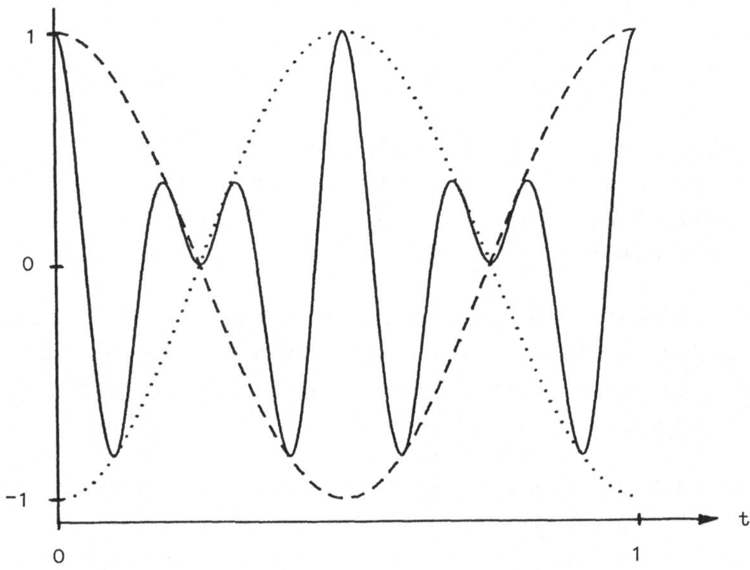

Fig. 2    $\varphi_{DSB}$ und die Hüllkurven

————— $\cos 2\pi t \cdot \cos 10\pi t$ (Träger ausgesiebt)

- - - - -  $\cos 2\pi t$  $\Big\}$ Hüllkurven
········ $-\cos 2\pi t$

Um zu veranschaulichen, daß die DSB-Schwingung die Summe von zwei
Seitenbändern ist, sind in der folgenden Fig. 3 die Seitenbänder gestrichelt bzw. punktiert eingezeichnet.

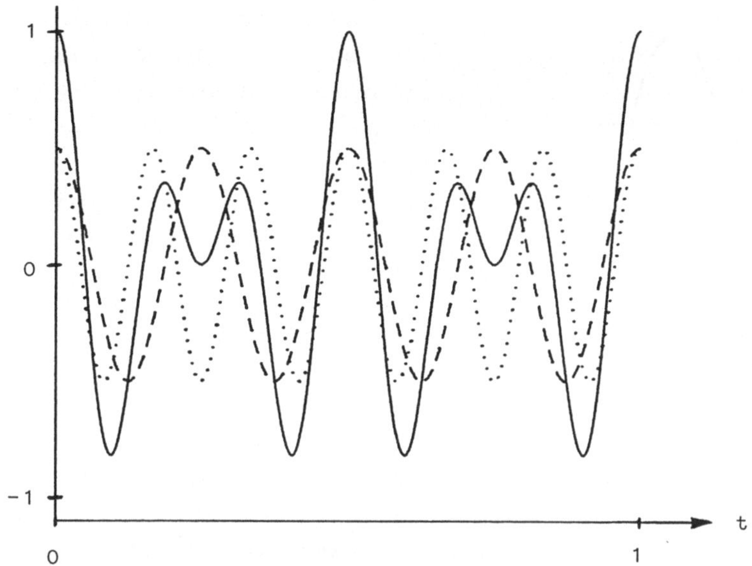

<u>Fig. 3</u>  $\varphi_{DSB}$ als Summe der Seitenbänder

———————— cos 2πt cos 10πt, ist Summe von ——┐

–––––––– $\frac{1}{2}$ cos 8πt $\Big\}$ <————————————————┘

········· $\frac{1}{2}$ cos 12πt

Die Vorzeichenwechsel der Hüllkurve (Fig. 2) sind von großer technischer Bedeutung: Sie sind der Grund für die *Phasenwechsel*, die also durch das Aussieben des Trägers verursacht werden. Bei den hier gewählten Zahlenwerten liegen für $t = \frac{1}{4}$ und $t = \frac{3}{4}$ "doppelte" Nullstellen vor, d.h. Niederfrequenz und "Hochfrequenz" wechseln ihr Vorzeichen gleichzeitig.

In diesem Fall kommt für die $\varphi_{DSB}$ - Schwingung keine neue Nullstelle hinzu (Bild rechts).

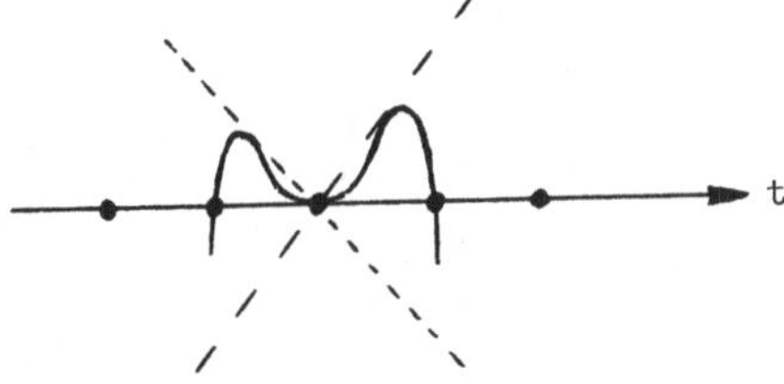

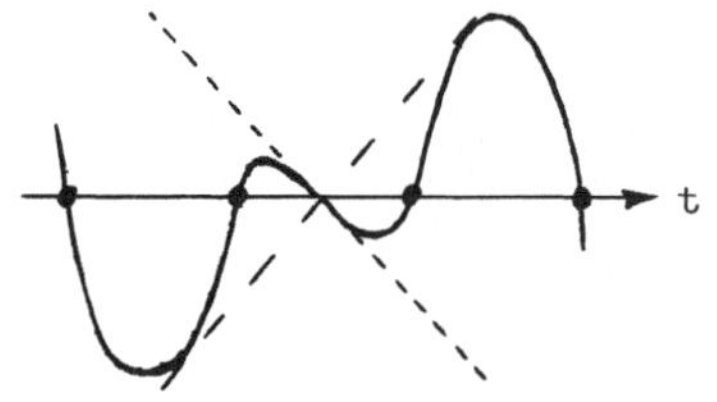

Eine andere Art des Phasenwechsels
tritt auf, wenn die Nullstellen von
Nieder- und Hochfrequenz verschieden sind. In diesem zweiten Fall
hat die DSB - Schwingung eine zusätzliche Nullstelle an der Niederfrequenz; diese Nullstelle ist
"einfach".

Vergleicht man die DSB - Schwingung mit der Schwingung des Trägers, so
wird deutlich, daß die Phasensprünge diejenigen Bereiche trennen, in
denen die DSB - Schwingung entweder *in* der Phase oder *gegen* die Phase
des Trägers schwingt. Dies verdeutlicht die Figur 4, in der die Vorzeichenverteilung des Trägers durch schraffierte Bereiche angegeben
ist. Verläuft die eingezeichnete DSB - Schwingung im schraffierten Bereich, so schwingt sie in der gleichen Phase wie der Träger.

Abschließend sei als Ergänzung vermerkt, daß es außer der DSB - Modulation noch die *Einseitenband* (ESB) - Modulation gibt, bei der nicht der
Träger, sondern ein Seitenband herausgesiebt wird. Vorteil: Jeder Sender benötigt nur die halbe Frequenzbreite. Darüber hinaus gibt es noch
Varianten der Einseitenband - Modulation mit (teilweise) herausgesieb-
tem Träger und solche, bei denen zusätzlich ein Teil des anderen Sei-
tenbandes übertragen wird (Fernsehen!).

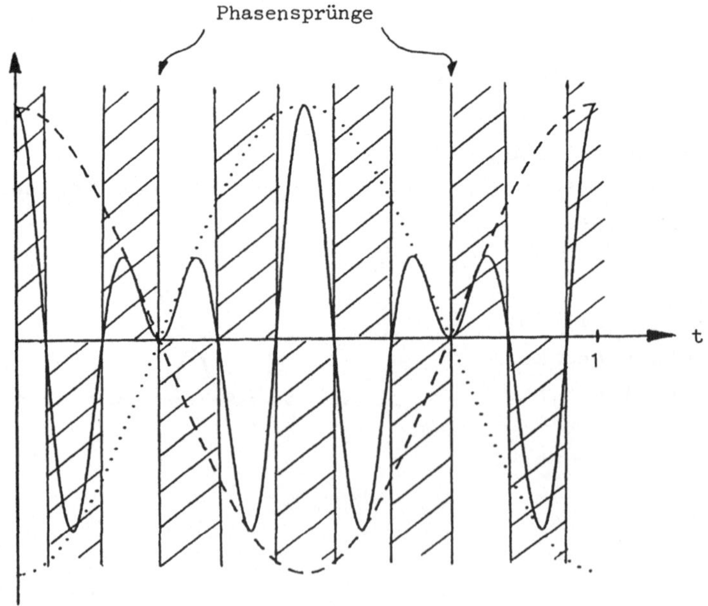


<u>**Fig. 4**</u>  Phasenlage von $\varphi_{DSB}$

Nach diesen Untersuchungen zur Amplitudenmodulation sind wir vorbereitet, die Verschlüsselung von Stereosendungen beim Rundfunk zu verstehen.

*Aufgabe 2:*

### Übertragung von Stereosendungen beim Rundfunk

#### Erklärung

Bezeichnungen:

$\varphi_L(t)$ : Signal vom linken Mikrophon
$\varphi_R(t)$ : Signal vom rechten Mikrophon
$\varphi_\tau(t)$ : Trägerschwingung mit Frequenz 38 000 Hz.

Es wird gebildet:

1) Summensignal: $\qquad \varphi_{L+R} = \varphi_L + \varphi_R$

2) Differenzsignal: $\quad \varphi_{L-R} = \varphi_L - \varphi_R$

3) Mit dem Differenzsignal $\varphi_{L-R}$ wird der Träger $\varphi_\tau$ (Ultraschallbereich) amplitudenmoduliert. Aus dem entstandenen Frequenzgemisch wird die Trägerschwingung $\varphi_\tau$ wieder herausgesiebt (DSB – Modulation) und das verbliebene Frequenzgemisch zum Summensignal $\varphi_{L+R}$ addiert.

4) Dazu wird noch eine Schwingung $\varphi_P$ mit der halben Trägerfrequenz (*Pilotton* mit 19 000 Hz) addiert.

   Mit diesem Frequenzgemisch (*Multiplexsignal*) wird die hochfrequente Senderwelle frequenzmoduliert.

#### Aufgabe

α) Für $\varphi_L(t) = \sin(2\pi\omega_L t)$ ,
   $\qquad \varphi_R(t) = \sin(2\pi\omega_R t)$ ,
   $\qquad \varphi_\tau(t) = a \sin(2\pi\omega_\tau t)$ und
   $$\varphi_P(t) = b \sin\left(2\pi\frac{\omega_\tau}{2}t\right)$$
   ermittle man das Multiplexsignal.

β) Welche Frequenzen enthält das Multiplexsignal, wenn Summen- und Differenzsignal Frequenzen bis 15 000 Hz enthalten?

γ) Für $\omega_L = 2$, $\omega_R = 1$, $\omega_\tau = 20$, $a = 1$, $b = 0$ fertige man für $0 \leq t \leq 1$ eine sorgfältige Skizze des Multiplexsignales an.

Aus den Signalen vom linken und vom rechten Mikrophon, $\varphi_L$ und $\varphi_R$, werden zunächst das Summensignal

$$\varphi_{L+R} = \sin(2\pi\omega_L t) + \sin(2\pi\omega_R t)$$

und das Differenzsignal

$$\varphi_{L-R} = \sin(2\pi\omega_L t) - \sin(2\pi\omega_R t)$$

gebildet. Das Summensignal ist die Information, welche von Monoempfängern (Geräte ohne Stereodecoder) wiedergegeben wird. Nach der Bildung von Summen- und Differenzsignal wird die Hilfsträger - Schwingung $a \sin 2\pi\omega_\tau t$ (38 kHz) mit dem Differenzsignal amplitudenmoduliert:

$$(a + \varphi_{L-R}) \sin 2\pi\omega_\tau t =$$

$$= a \sin 2\pi\omega_\tau t + \sin 2\pi\omega_L t \sin 2\pi\omega_\tau t - \sin 2\pi\omega_R t \sin 2\pi\omega_\tau t$$

$$= a \sin 2\pi\omega_\tau t + \frac{1}{2} \left[ \cos(\omega_L - \omega_\tau) 2\pi t - \cos(\omega_L + \omega_\tau) 2\pi t \right] -$$

$$- \frac{1}{2} \left[ \cos(\omega_R - \omega_\tau) 2\pi t - \cos(\omega_R + \omega_\tau) 2\pi t \right] .$$

Beim gebräuchlichen "Pilottonverfahren" wird zusätzlich der sogenannte Pilotton $\varphi_p$ mit der halben Trägerfrequenz übertragen. Er wird im Empfänger zur Rückgewinnung des Trägers benötigt. Nach dem Heraussieben des Trägers ist das *Multiplexsignal* komplett:

$$\varphi(t) = \sin(2\pi\omega_L t) + \sin(2\pi\omega_R t) + b \sin\left(2\pi\frac{\omega_\tau}{2} t\right)$$

$$+ \frac{1}{2} \cos(\omega_L - \omega_\tau) 2\pi t - \frac{1}{2} \cos(\omega_L + \omega_\tau) 2\pi t$$

$$- \frac{1}{2} \cos(\omega_R - \omega_\tau) 2\pi t + \frac{1}{2} \cos(\omega_R + \omega_\tau) 2\pi t .$$

Das Multiplexsignal $\varphi(t)$ ist also die Summe von 7 Schwingungen mit den 7 Frequenzen

$$\omega_L, \ \omega_R, \ \frac{\omega_\tau}{2}, \ \omega_\tau - \omega_L, \ \omega_\tau - \omega_R, \ \omega_\tau + \omega_L, \ \omega_\tau + \omega_R .$$

Vor der Bildung des Multiplexsignales filtert ein "Tiefpaßfilter" die Frequenzen oberhalb von 15 kHz heraus,

$$0 \leq \begin{Bmatrix} \omega_L \\ \omega_R \end{Bmatrix} \leq 15\ 000 \ \text{Hz} .$$

Demzufolge liegen die unteren Seitenfrequenzen im Bereich

$$23\ 000 \leq \omega \leq 38\ 000 \ \text{Hz} ,$$

die oberen Seitenfrequenzen liegen im Bereich

$$38\ 000 \le \omega \le 53\ 000\ \text{Hz} \ .$$

Die "Lücke"

$$15\ 000 < \omega < 23\ 000\ \text{Hz}$$

läßt genügend Platz für die Unterbringung des Pilottons und stellt keine allzu großen Forderungen an die "Steilheit" des Tiefpaßfilters, d.h. an die Striktheit obiger Ungleichungen.

Insgesamt umfassen die Frequenzen des Multiplexsignales also den Frequenzbereich

$$\begin{aligned}
&0 - 15\ \text{kHz} \quad \text{(Summensignal)} \\
&19\ \text{kHz} \quad \text{(Pilotton)} \\
&23 - 53\ \text{kHz} \quad \text{(verschlüsseltes Differenzsignal)}.
\end{aligned}$$

Das Frequenzspektrum des Multiplexsignales kann graphisch wie folgt dargestellt werden:

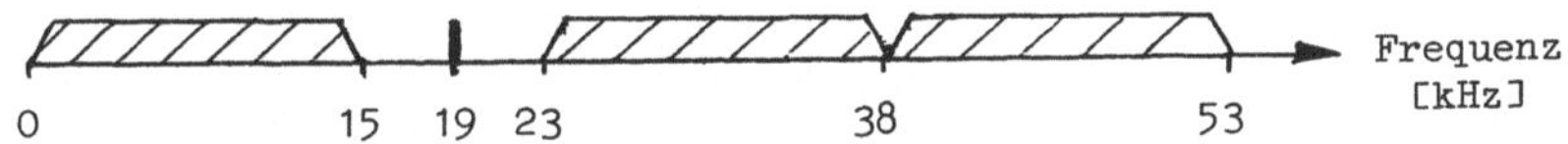


Auch oberhalb von 53 kHz können noch Frequenzen genutzt werden; so liegt bei  $\omega = 57$ kHz  der Pilotton für Verkehrsdurchsagen. Mit diesem gesamten "breiten" Frequenzgemisch wird dann die Trägerwelle des Senders (UKW zwischen 87.5 und 108 MHz) frequenzmoduliert.

Zum Zeichnen des Multiplexsignales lassen wir den Pilotton weg, er würde das Charakteristische verwischen. Zu skizzieren ist demnach

$$\varphi = \varphi_{L+R} + \varphi_{L-R} \cdot \varphi_{\tau} \ .$$

Mit Hilfe der Additionstheoreme lassen sich  $\varphi_{L+R}$  und  $\varphi_{L-R}$  jeweils als Produkte schreiben. Es ergibt sich mit den gewählten Zahlen

$$\varphi = 2\ \cos\pi t\ \sin 3\pi t + 2\ \cos 3\pi t\ \sin\pi t\ \sin 40\pi t \ .$$

Ausgehend von dieser Produktdarstellung lassen sich  $\varphi_{L-R}$  und  $\varphi_{L+R}$  bequem über ihre Hüllkurven konstruieren. Das gleiche gilt dann auch für das Produkt  $\varphi_{L-R}\varphi_{\tau}$ . Diese drei Schwingungen, aus denen sich unser vereinfachtes Multiplexsignal zusammensetzt, sind in Fig. 5 einzeln skizziert. Zum Zeichnen kann auch die Eigenschaft

$$\varphi_{L+R}\left(t + \frac{1}{2}\right) = \varphi_{L-R}(t)$$

hilfreich sein, die sich leicht für die hier betrachteten speziellen Signale $\varphi_L$ und $\varphi_R$ nachweisen läßt.

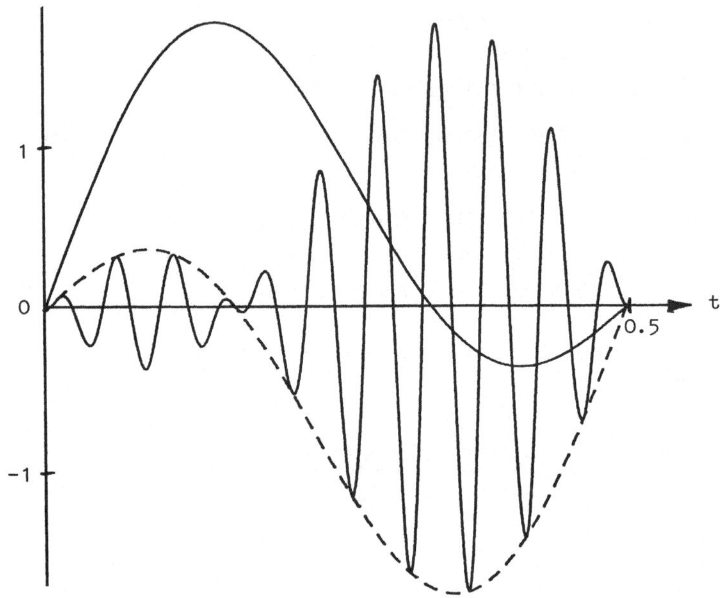

<u>Fig. 5</u>    Elemente des Multiplexsignales

|  |  |  |
|---|---|---|
| ———— | $2 \cos \pi t \sin 3\pi t$ | $(\varphi_{L+R})$ |
| ------- | $2 \cos 3\pi t \sin \pi t$ | $(\varphi_{L-R})$ |
| ———— | $2 \cos 3\pi t \sin \pi t \sin 40\pi t$ | $(\varphi_{L-R}\varphi_\tau)$ |

Die Addition beider Schwingungen von Fig. 5 liefert das gewünschte Multiplexsignal. Das Zeichnen wird stark vereinfacht, wenn man noch die Hüllkurven des Multiplexsignales berechnet und in der Skizze verwendet: Durch Umformungen ergibt sich zunächst

$$\varphi = \varphi_L + \varphi_R + \varphi_L\varphi_\tau - \varphi_R\varphi_\tau = \varphi_L(1 + \varphi_\tau) + \varphi_R(1 - \varphi_\tau) .$$

Es folgen die Abschätzungen

$$2\varphi_R \leq \varphi \leq 2\varphi_L \quad \text{im Fall} \quad \varphi_R \leq \varphi_L$$
$$2\varphi_L \leq \varphi \leq 2\varphi_R \quad \text{im Fall} \quad \varphi_L \leq \varphi_R .$$

Die ursprünglichen Schwingungen $\varphi_L$ und $\varphi_R$ (mit Faktor 2) sind also gerade die Hüllkurven des Multiplexsignales!
(Fig. 6)

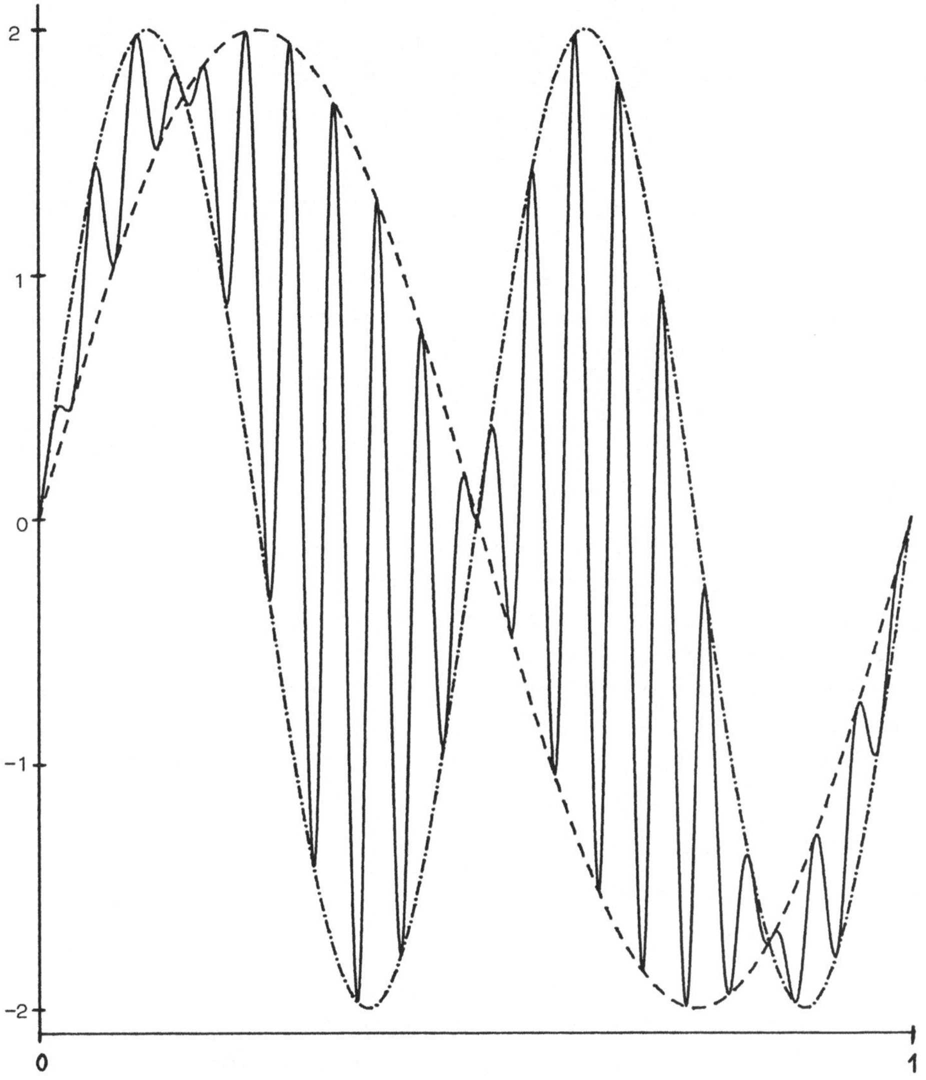

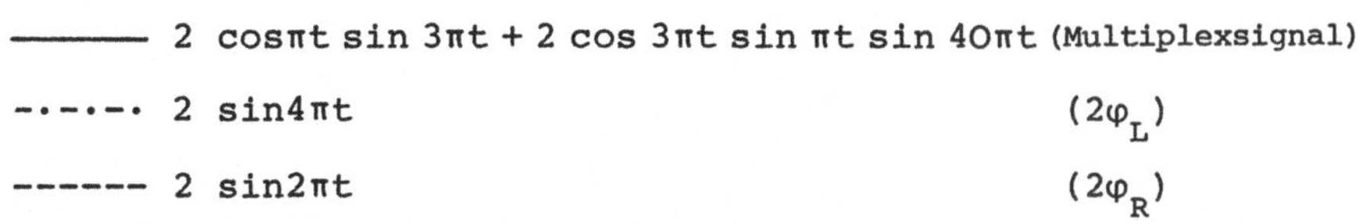

<u>Fig. 6</u>  Multiplexsignal

     ——————  $2 \cos\pi t \sin 3\pi t + 2 \cos 3\pi t \sin \pi t \sin 40\pi t$ (Multiplexsignal)

     —·—·—·  $2 \sin 4\pi t$                                     $(2\varphi_L)$

     ————— $2 \sin 2\pi t$                                     $(2\varphi_R)$

Schon beim Zeichnen der Fig. 5 werden die Phasenwechsel deutlich, die
hier bei  t = 0, $^1/6$, $^1/2$, $^5/6$, 1  liegen. In Fig. 6 zeigt sich, daß diese Phasenwechsel genau da liegen, wo sich die Hüllkurven schneiden.
Das hat eine wichtige technische Konsequenz: Es wurde bereits erwähnt,
daß die Hüllkurven gerade die ursprünglichen Signale sind. Bei der
Decodierung des Multiplexsignales im Empfänger kann man durch Abtasten der Hüllkurven die Informationen $\varphi_L$ und $\varphi_R$ zurückgewin-
nen. Je nach Phasenlage ist $\varphi_L$ (bzw. $\varphi_R$) gerade die obere oder die
untere Hüllkurve.

Dieses Abtastverfahren ist nicht die einzige Methode zur Decodierung
des Multiplexsignales. Eine andere Möglichkeit ist es, das Differenzsignal $\varphi_{L-R}$ zurückzumodulieren. Anschließend können durch Addition und Subtraktion von Summen- und Differenzsignal die Originalsig-
nale zurückgewonnen werden:

$$\varphi_{L+R} + \varphi_{L-R} = 2\varphi_L$$

$$\varphi_{L+R} - \varphi_{L-R} = 2\varphi_R \; .$$

Zum Abschluß sei bemerkt, daß *Quadrophonie* - Aufzeichnungen auf Schallplatten nach dem gleichen Prinzip verschlüsselt werden können ("CD-4
Verfahren"): Auf beiden Rillenflanken wird je ein Multiplexsignal
eingepreßt. Jedes Multiplexsignal enthält durch ein Summensignal
und ein verschlüsseltes Differenzsignal (30 kHz - Träger) zwei Informationen.

*Literatur*

Neben vielen einschlägigen Büchern etwa

      Funkschau-Arbeitsblätter:
      Grundschaltungen der Elektronik

      oder

      Taschenbuch Elektrotechnik (Hrsg. E. Philippow),
      Carl Hanser Verlag 1976; insbesondere Band 3

      oder

      Taschenbuch der Hochfrequenztechnik
      (Hrsg. H. Meinke, F.W. Gundlach)
      Springer Verlag 1968

# Digitale Tonaufzeichnung

In der vorigen Fallstudie war die Amplitude einer Cosinusschwingung
moduliert worden. In ähnlicher Weise können <u>Impulsfolgen</u> als Träger
verwendet und moduliert werden; dies wird bei der digitalen Tonaufzeichnung ausgenutzt. Die dabei entstehenden diskreten Tonspannungen werden binär verschlüsselt. Der Reichtum eines empfindsamen
Musikstückes wird auf eine "armselige" Kette von Nullen und Einsen
reduziert. Ungeheuerlicherweise funktioniert dies auch umgekehrt.

Die folgende Aufgabe soll den Prozeß der Diskretisierung und Digitalisierung bei "der" digitalen Tonaufzeichnung erläutern. Die technischen Daten entsprechen einem heute sehr weit verbreiteten System
digitaler Audiotechnik.

*Aufgabe:*

Bei der *digitalen Tonaufzeichnung* wird die stetige Tonspannung
$U(t)$ mit der Frequenz $\omega = 44.1$ kHz "abgetastet". Dabei wird
$U(t)$ näherungsweise durch die diskreten Tonspannungen der stück-
weise konstanten Funktion

$$\hat{U}(t) := U\left(\frac{1}{\omega}\ \text{entier}\ (\omega t)\right)$$

ersetzt. Jede einzelne Tonspannung von $\hat{U}$ wird durch eine Dualzahl dargestellt (*Digitalisierung*). Bei der PCM - Technik (pulse
code modulation) stehen meist 16 bit zur Verfügung: Die Differenz
zwischen maximaler Tonspannung $U_{max}$ und minimaler Tonspannung
$U_{min}$ kann also in $2^{16}$ gleichabständige Spannungsstufen aufgeteilt
werden. Diese 16 bit erlauben die Codierung eines Dynamikbereiches
von etwa 98 dB.

*Aufgabe:*

a) Wie groß sind die Abstände der Spannungsstufen bei $U_{max} = 1$ Volt?

b) Wie lautet die binäre Darstellung einer Tonspannung von
   0.001 Volt?

   <u>Hinweis</u>: Das Verhältnis V zweier Spannungen wird in dB gemessen:

$$V_{[dB]} = 20\ \log_{10}\left(\frac{U_{max}}{U_{min}}\right)\ .$$

Zur Beschreibung der Pulsamplitudenmodulation "diskretisieren" wir die Zeit, d.h. wir betrachten statt eines kontinuierlichen Ablaufs von  t  nur die diskreten Zeitpunkte

$$t_k \; := \; \frac{k}{\omega} \; .$$

Hierbei ist  $\omega$  die Frequenz, die über

$$t_{k+1} - t_k = \frac{1}{\omega}$$

den Abstand der Zeitpunkte festlegt; die Indices  k  sind natürliche Zahlen.

Ersetzt man eine stetige Tonspannungs-Funktion  $U(t)$  durch eine Treppenfunktion  $\hat{U}$  der Feinheit  $\frac{1}{\omega}$

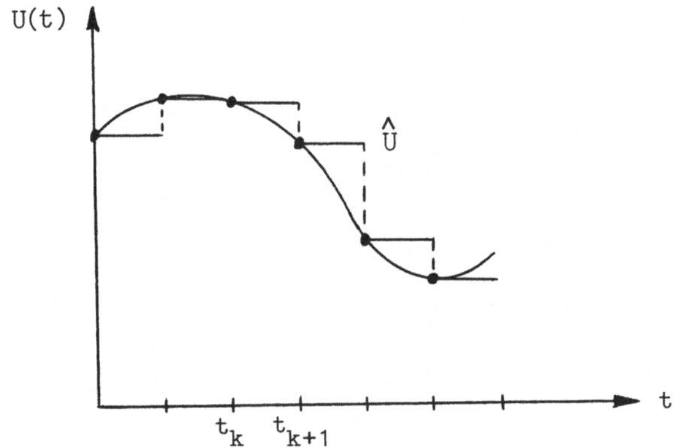


Fig. 1

(vgl. Fig. 1), so ist  $\hat{U}$  gegeben durch

$$\hat{U}(t) \; := \; U(t_k) \quad \text{für} \quad t_k \leq t < t_{k+1} \; .$$

Es gelten die äquivalenten Beziehungen

$$t_k \leq t < t_{k+1}$$
$$\omega t_k \leq \omega t < \omega t_{k+1}$$
$$k \leq \omega t < k+1$$

und somit

$$k = \text{entier} \, (\omega t);$$

die entier - Funktion ordnet jeder Zahl  x  die größte ganze Zahl  z
mit  $z \leq x$  zu. Die diskreten Werte lassen sich demnach darstellen
als

$$t_k = \frac{1}{\omega} \, \text{entier}(\omega t)$$

und

$$\hat{U}(t) = U\left(\frac{1}{\omega} \, \text{entier}(\omega t)\right) \, .$$

Bei der praktischen Realisierung des Abtastens ist die Treppenfunktion  $\hat{U}$  nicht in der Strenge dieser Definition verfügbar. In der
Abtastschaltung wird das Eingangssignal in Abständen  $\frac{1}{\omega}$  in einem
Kondensator gespeichert, damit genügend Zeit zur Codierung des momen-
tanen Abtastwertes bleibt. Die Ladezeit des Kondensators bewirkt, daß
die "senkrechten" Flanken von  $\hat{U}$  (gestrichelt in Figur 1) etwas
schräg sind. Die hier definierte Funktion  $\hat{U}$  ist eine Idealisierung.

Die <u>Wahl der Abtastfrequenz</u>  $\omega$  ist etwas knifflig, nicht überall
wird mit der gleichen Frequenz gearbeitet. Von grundlegender Bedeutung ist hierbei das *Abtasttheorem* (von C. Shannon in die Informa-
tionstheorie eingeführt, aber schon vorher bekannt). Dieses Gesetz
besagt, daß beim Abtasten keine Information verloren geht, wenn die
Abtastfrequenz wenigstens doppelt so groß ist wie die höchste Frequenz des abzutastenden Originals. Um praktikable (nicht zu hohe) Frequenzen zu erhalten, wird die Niederfrequenz  n  in der Bandbreite
begrenzt,

$$O < n < B \, .$$

Nach dem Abtasttheorem muß

$$2B < \omega$$

gelten. Wegen der äquivalenten Ungleichung

$$B < \omega - B$$

bedeutet das Abtasttheorem, daß die Frequenzbänder von Niederfrequenz
und unterem Seitenband nicht überlappen dürfen. Ein Tiefpaßfilter be-
sorgt die Begrenzung des Niederfrequenzbandes, er läßt von U(t)  nur
die Frequenzen  < B  passieren.

Um eine hohe Klangtreue zu ermöglichen, arbeitet man bei CD‑Schallplatten mit der Bandbreite $B = 20$ kHz. Damit ist die Größenordnung der Abtastfrequenz $\omega$ klar: $\omega > 40$ kHz, und nicht zu groß, um nicht zuviele Werte von $\hat{U}$ speichern zu müssen.

Der tatsächliche Wert von $\omega$ bestimmt sich auf Grund der Forderung, daß das Audiosystem kompatibel zu den gebräuchlichen Videosystemen sein soll. In Ländern, in denen Farbfernsehen nach PAL oder SECAM eingeführt ist, wird $\omega = 44.1$ als Abtastfrequenz verwendet (in anderen Ländern $\omega = 44.05594$). Bei der Abtastung des Radiostereosignales mit der Bandbreite von $B = 15$ kHz genügt eine Frequenz von $\omega = 32$ kHz, in der Fernsprechtechnik ($B = 3.4$ kHz) nimmt man $\omega = 8$ kHz. Unser Wert von $\omega = 44.1$ garantiert also, daß sämtliche Informationen des auf 20 kHz bandbegrenzten Signales $U$ in $\hat{U}$ enthalten sind.

Die entsprechende Funktion $\hat{U}$ nimmt in der Sekunde 44100 einzelne Spannungswerte an, jeder Wert innerhalb eines gewissen Intervalles ist möglich. Diese unendlich vielen Möglichkeiten werden bei der Pulscodemodulation (PCM) diskretisiert und digitalisiert ("Quantisierung"). Das bedeutet, daß der Bereich möglicher Spannungswerte in eine bestimmte Anzahl von (z.B. gleichabständigen) Spannungsstufen aufgeteilt werden muß. Hierzu stehen bei der PCM‑Technik meist

$$2^{16} = 65536$$

Stufen für einen Spannungsbereich von etwa 98 dB zur Verfügung.

Statt des aktuellen Wertes von $\hat{U}$ wird die zugehörige Spannungs‑<u>Stufe</u> aufgezeichnet. Hierzu wird nicht der Spannungswert, sondern die Position der Stufe (eine Zahl zwischen $0$ und $65535$) als 16‑stellige Dualzahl dargestellt.

Pro Sekunde sind also

$$44100 \cdot 16$$

binäre Informationen aufzuzeichnen. Für Stereoaufzeichnungen verdoppelt sich die Zahl, die Übertragungsfrequenz beträgt dann

$$1411200 \text{ Hz} \; ,$$

d.h. pro Sekunde sind etwa 1.4 Millionen bit zu übertragen oder zu speichern. Das bedeutet für eine CD‑Schallplatte (*compact disk*) mit einer Stunde Spielzeit die enorme Speicherdichte von mehreren Milliarden Binärinformationen allein für das Nutzsignal (Musik, Sprache).

Damit ist die Speicherkapazität der CD - Schallplatte noch keineswegs erschöpft, weitere digitale Daten dienen dem Fehlerschutz, der Fehlererkennung und dem Bedienungskomfort.

Die Diskretisierung in zwei Richtungen (Zeit $t$ und Spannung $U$) kann man sich graphisch als <u>Gitter</u> vorstellen, das über die stetige Funktion $U(t)$ gelegt wird (Fig.2). Statt des aktuellen $U(t)$ - Wertes wird als $\hat{U}$ eine der nächstliegenden Gittermaschen aufgezeichnet. Es liegt auf der Hand, daß das Gitter so fein gewählt werden kann, daß man die Differenz von $\hat{U}(t)$ zu $U(t)$ nicht mehr sieht. Dies ist das graphische Analogon zur oben besprochenen akustischen Digitalisierung einer Tonspannung. Frequenz $\omega$ und Bitzahl $16$ sind derart, daß das menschliche Ohr keinen Unterschied zwischen der wahren Tonspannung $U$ und der Näherung $\hat{U}$ wahrnimmt.

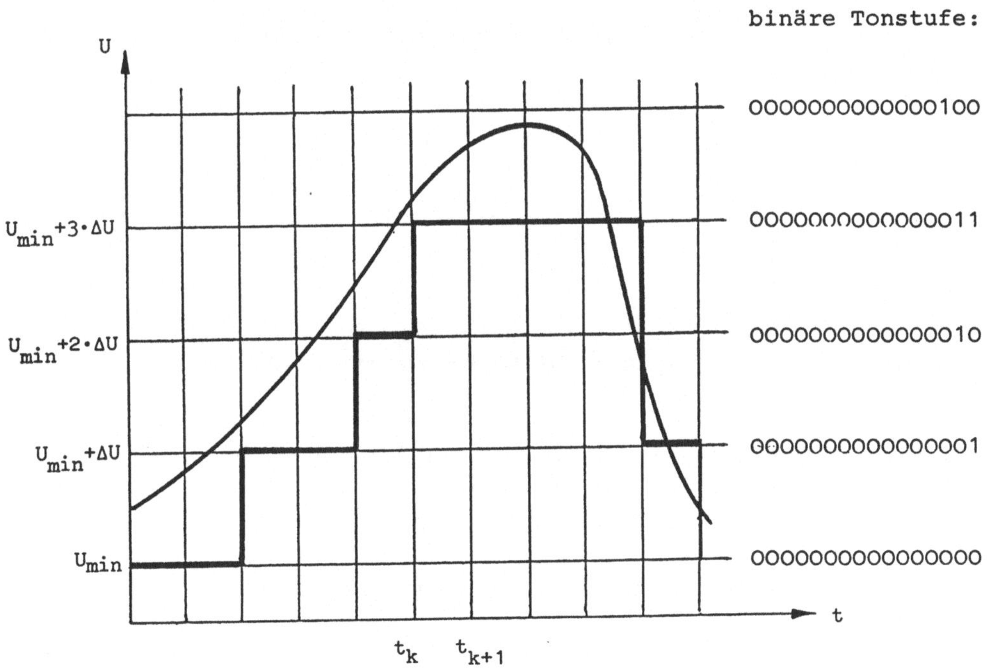


<u>Fig. 2</u>

Bei einem Dynamikbereich von  98 dB  hat man als Spannungsverhältnis
zwischen maximaler und minimaler Tonspannung

$$\frac{U_{max}}{U_{min}} = 10^{\frac{98}{20}} \, .$$

Die Differenz  $\Delta U$  der $2^{16}$  gleichabständigen Spannungsstufen ist

$$\Delta U = \frac{U_{max} - U_{min}}{2^{16}} = U_{max} \cdot 2^{-16} \left(1 - 10^{-\frac{98}{20}}\right) \, .$$

Speziell für  $U_{max} = 1$ Volt   erhält man

$$U_{min} = 0.00001259 \text{ Volt}$$

$$\Delta U = 0.00001526 \text{ Volt} \, .$$

Für die Nummer  n  der Spannungsstufe einer gegebenen Spannung  $\hat{U}$
gilt wegen

$$U_{min} + n \cdot \Delta U \leq \hat{U} < U_{min} + (n + 1)\Delta U$$

$$n \leq \frac{\hat{U} - U_{min}}{\Delta U} < n + 1$$

die Beziehung

$$n = \text{entier}\left(\frac{\hat{U} - U_{min}}{\Delta U}\right) \, .$$

Für die spezielle Spannungsstufe  $\hat{U} = 0.001$   erhält man

$$n = \text{entier}(64.7) = 64 = 2^6 \, .$$

Die binäre Darstellung dieser Tonspannung ist

$$0000000001000000 \, .$$

Das folgende Schema faßt die Umwandlung einer analogen Tonspannung
U(t)  in Digitalsignale zusammen.

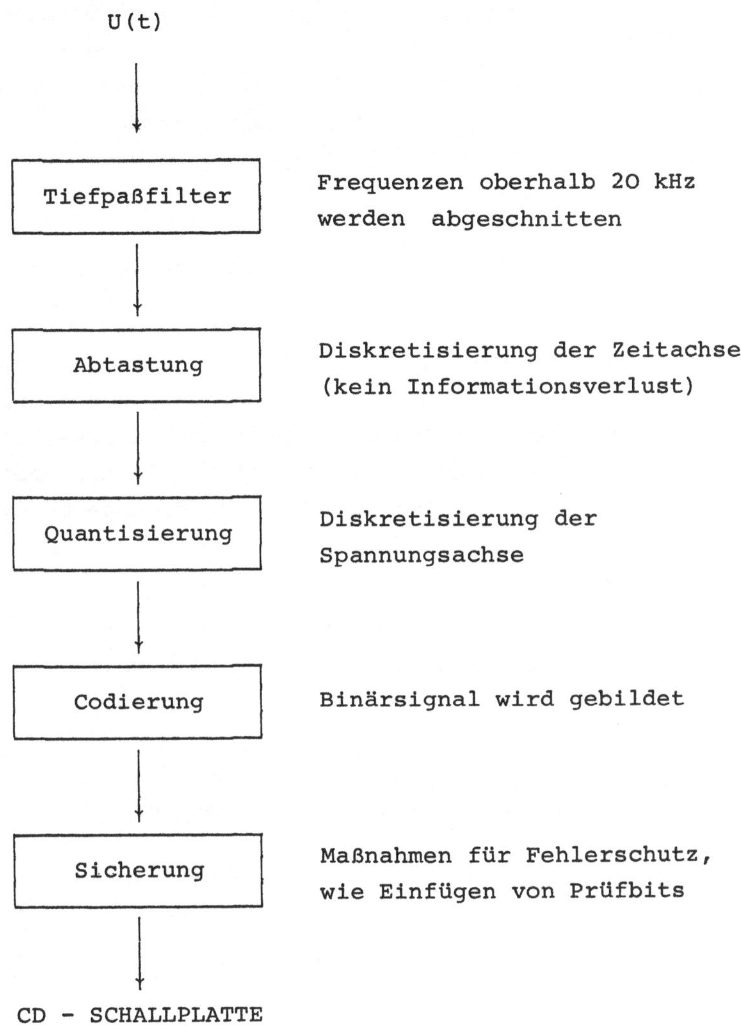


*Literatur:*    z.B. Sonderheft Nr. 38 der FUNKSCHAU
(1982)

# Berechnung des Sinus

Elektronische Rechner sind aus dem täglichen Leben nicht mehr wegzu-
denken. Wie selbstverständlich wird auf einem Taschenrechner oder in
einem Rechenprogramm etwa der SINUS aufgerufen, ohne daß man sich
überlegt, wie eine solche Funktion berechnet werden kann. Einerseits
muß das Ergebnis bei einem z.B. 7 - stelligen Rechner auch auf 7 Stellen richtig sein, andererseits soll der Rechenaufwand so gering wie
möglich sein. Beide Forderungen müssen für einen weiten Definitionsbereich erfüllt sein, man benötigt sin(600) ebenso genau und schnell
wie sin(-0.04).

Der sinus ist eine $2\pi$ - periodische Funktion. Im Prinzip genügt es also, diese Funktion im Intervall $a \le y < a + 2\pi$ (a beliebig) berechnen zu können, wenn man nur jedem $x$ außerhalb dieses Intervalls das
"richtige" $y$ zuordnen kann. Eine derartige Reduktion des Definitionsbereiches wird im folgenden für $0 \le y < 2\pi$ durchgeführt.

*Aufgabe 1:*

> Sei $x$ gegeben im Definitionsbereich $-\infty < x < \infty$.
> Man konstruiere eine Funktion $y = f(x)$ mit Wertebereich $0 \le y < 2\pi$
> derart, daß gilt:
>
> $$\sin x = \sin y .$$
>
> <u>Hinweis</u>: Man verwende die Funktion $v = $ entier $u$

Die entier - Funktion ordnet jeder Zahl $u$ die größte ganze Zahl $v$
zu, für die $v \le u$ gilt. Der Graph dieser Funktion ist der einer Treppenfunktion. Zur Konstruktion der Funktion $y = f(x)$ überlegt man
sich, daß es für jedes $x$ eine ganze Zahl $n$ gibt mit

$$2\pi n \le x < 2\pi(n + 1) .$$

Hierzu äquivalent ist $n \le \dfrac{x}{2\pi} < n + 1 .$

Das ist gerade die Definition der entier - Funktion, demnach ist $n$ bestimmt durch $n = $ entier $\dfrac{x}{2\pi}$.

Weitere äquivalente Umformungen obiger Ungleichung sind

$$0 \le \frac{x}{2\pi} - n < 1$$

$$0 \le x - 2\pi n < 2\pi .$$

Vergleicht man diese Beziehung mit dem Ziel, so sieht man die Lösung:

$$y = f(x) = x - 2\pi n = x - 2\pi \cdot \text{entier} \left(\frac{x}{2\pi}\right) .$$

Für diesen Wert $y$ bestätigen die Additionstheoreme des sinus die
verlangte Beziehung

$$\sin y = \sin \left(x - 2\pi \cdot \text{entier} \frac{x}{2\pi}\right) = \sin x .$$

Diese Funktion $f(x)$ ermöglicht bei beliebigem $x$ die Reduktion der
Berechnung des sinus auf das Intervall $0 \le y < 2\pi$ . Zur Konstruktion
eines effektiven Algorithmus ist die Reduktion auf das Intervall

$$-\frac{\pi}{2} \le y < 3\frac{\pi}{2}$$

günstiger. Durch anschließende weitere Reduktionen des Definitionsbereiches wird es möglich, sich bei der Berechnung des sinus mit dem
"kleinen" Intervall

$$-\frac{\pi}{6} \le y \le \frac{\pi}{6}$$

zu begnügen.

*Aufgabe 2:*

> Für einen elektronischen Rechenautomaten entwerfe man eine Rechen-
> vorschrift (*Algorithmus*) zur Berechnung von $\sin x$ , $x$ aus dem
> Intervall $-\infty < x < \infty$ .
>
> <u>Anleitung</u>: Für gegebenes $x$ führe man zunächst
> 1) mit Hilfe der Funktion $\text{entier}(x)$ eine Intervallreduktion auf
>    das Intervall $-\frac{\pi}{2} \le y < \frac{3\pi}{2}$ durch, derart, daß $\sin x = \sin y$ .
> 2) Man bestimme $z$ aus $-\frac{\pi}{2} \le z \le \frac{\pi}{2}$ derart, daß $\sin z = \sin y$ gilt.
> 3) Mit Hilfe von
>
> $$\sin z = 3 \left(1 - \frac{4}{3} \sin^2 u\right) \sin u, \quad u = \frac{z}{3}$$
>
> führe man die Berechnung von $\sin z$ auf die von $\sin u$
> $\left(\text{mit} -\frac{\pi}{6} \le u \le \frac{\pi}{6}\right)$ zurück. Wieviele Glieder der Taylorentwicklung
> müssen berücksichtigt werden, damit das Resultat auf $7$ Stellen
> genau ist?

Nachdem wir mit der ersten Aufgabe eine Intervallreduktion bereits
geübt haben, verfahren wir jetzt analog.

<u>1. Reduktion</u>. Eine ganze Zahl $k$ ist derart zu bestimmen, daß $y = x - 2\pi k$ im Intervall

$$-\frac{\pi}{2} \le y < \frac{3\pi}{2}$$

liegt. Die äquivalenten Umformungen

$$-\frac{\pi}{2} \le x - 2\pi k < \frac{3\pi}{2}$$

$$0 \le x - 2\pi k + \frac{\pi}{2} < 2\pi$$

$$0 \le \frac{x + \pi/2}{2\pi} - k < 1$$

$$k \le \frac{x + \pi/2}{2\pi} < k + 1$$

zeigen, daß

$$y := x - 2\pi \cdot \text{entier}\left(\frac{x + \pi/2}{2\pi}\right)$$

die gewünschte Reduktion vermittelt.


<u>2. Reduktion</u>.

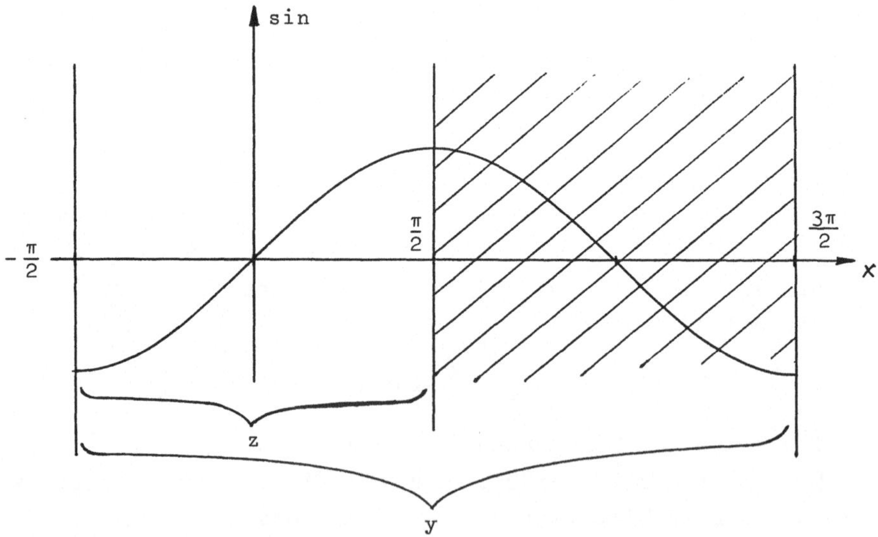


Der sinus ist symmetrisch zur Geraden $x = \pi/2$ , es genügt eine Hälfte des $y$ - Intervalls.

Setzt man

$$z := \begin{cases} y & , \quad \text{falls} \quad -\dfrac{\pi}{2} \leq y \leq \dfrac{\pi}{2} \\[2ex] \pi - y & , \quad \text{falls} \quad \dfrac{\pi}{2} < y \quad , \end{cases}$$

so liegt  z  im Intervall

$$-\frac{\pi}{2} \leq z \leq \frac{\pi}{2} \ .$$

Der sinus nimmt hier noch sämtliche Werte an,

$$-1 \leq \sin z \leq 1 \ .$$

Um den sinus im z - Intervall zu berechnen, wollen wir die Taylorentwicklung

$$\sin z = z - \frac{z^3}{3!} + \frac{z^5}{5!} \mp \dots$$

verwenden. Diese Potenzreihe ist um  z = O  entwickelt und konvergiert daher nur in der Intervallmitte (d.h. um  z = O) schnell. Da man sich aus Gründen der Effizienz nur auf wenige Glieder der Taylorentwicklung beschränkt, muß man sich mit der Intervallmitte begnügen.

3. <u>Reduktion.</u>  Aus den Additionstheoremen folgt die Beziehung

$$\sin (3u) = 3 \sin u - 4 \sin^3 u \ .$$

Beschränkt man sich mit  u  auf das Intervall

$$-\frac{\pi}{6} \leq u \leq \frac{\pi}{6} \ ,$$

und setzt   z = 3u , so lassen sich mit Hilfe der Beziehung

$$\sin z = 3 \left( 1 - \frac{4}{3} \sin^2 \frac{z}{3} \right) \sin \frac{z}{3}$$

alle Werte des sinus berechnen.

Nach drei Reduktionen des Definitionsbereiches  $x \to y \to z \to u$  mit sin x = sin y = sin z  steht nun die eigentliche Berechnung des sinus an.

<u>*Berechnung von* sin u</u>, $-\frac{\pi}{6} \le u \le \frac{\pi}{6}$ , auf 7 Stellen genau:

Wir probieren, ob die vier Terme von

$$p(u) := u - \frac{u^3}{3!} + \frac{u^5}{5!} - \frac{u^7}{7!}$$

für die verlangte Genauigkeit ausreichen. Hierzu wird das Restglied der Taylorentwicklung abgeschätzt. Die obigen vier Terme sind tatsächlich sogar acht Glieder der Taylorentwicklung, da alle geraden Potenzen verschwinden. Für den absoluten Fehler $R_8$ gilt die Abschätzung ($0 < |\zeta| < |u|$)

$$|R_8| = \frac{|\sin^{(9)}(\zeta)| \, |u|^9}{9!} = \frac{|\cos \zeta| \, |u|^9}{9!} \le \frac{|u|^9}{9!} \; .$$

Wenn 7 Stellen richtig sein sollen, dann muß der <u>relative</u> Fehler kleiner als $10^{-7}$ sein.

$$\text{rel. Fehler} = \frac{|p(u) - \sin u|}{|\sin u|} = \frac{|R_8|}{|\sin u|} \le \frac{|R_8|}{0.95 |u|} \le \frac{1.1 |u|^8}{9!} \le$$

$$\le \frac{1.1}{9!} \left(\frac{\pi}{6}\right)^8 \approx 0.18 \cdot 10^{-7} < 10^{-7} \; .$$

Vier Terme genügen also für eine Genauigkeit von 7 Stellen. Eine analoge Rechnung zeigt, daß drei Terme nicht ausreichen. Für einen 7 - stelligen Rechner gilt im betrachteten Intervall

$$\sin u \doteq u - \frac{u^3}{3!} + \frac{u^5}{5!} - \frac{u^7}{7!} \; .$$

Die Reihenfolge der Rechenoperationen wird durch das Horner-Schema festgelegt. Die inversen Fakultäten sind dabei fertig berechnete Konstanten. So ist die Rechenvorschrift

$$v = u^2$$

$$\sin u = u(1 + v(-0.16666666 + v(0.0083333333 - $$
$$-v \cdot 0.0001984127)))$$

eine wirtschaftliche Möglichkeit, den sinus auszuwerten.


Die Überlegungen seien zusammengefaßt in dem

<u>*1. Algorithmus zur Berechnung von* sin x</u>,

$$1.) \quad y := x - 2\pi \text{ entier } \frac{x + \pi/2}{2\pi}$$

2.) $u := 0.33333333 \cdot \begin{cases} y & \text{, falls } -\frac{\pi}{2} \leq y \leq \frac{\pi}{2} \\[2mm] \pi - y & \text{, falls } \frac{\pi}{2} < y \end{cases}$

3.) $v := u \cdot u$

$\xi := u(1 + v(-0.16666666 + v(0.83333333_{10-2} - $

$\qquad\qquad -v \cdot 0.1984127_{10-3})))$

4.) $\sin x = (3 - 4\xi \cdot \xi)\xi$ .

Natürlich sind auch die Zahlenwerte der ersten Reduktion als feste Konstanten anzugeben. Der Aufwand einer sinus – Auswertung mit diesem Algorithmus beträgt 7 Additionen und 11 Multiplikationen.

Bisher haben wir die Genauigkeit bei der Berechnung von sin u studiert. Stillschweigend wurde dabei vorausgesetzt, daß die Reduktion exakte Resultate liefert. Leider ist dies für "große" Werte von $|x|$ nicht gewährleistet. Die Subtraktion (im Rechenwerk mit endlicher Stellenzahl!) bei der Berechnung von y löscht Genauigkeit insbesondere für $x \approx n\,2\pi$ , n eine ganze Zahl. Als Schutzmaßnahme gegen diese Genauigkeitsprobleme wird der x – Bereich begrenzt, so ist sin (600) auf einem Taschenrechner meist nicht erlaubt.

Häufig kommt es vor, daß der sinus viele tausendmal in einem Programm auszuwerten ist. Es ist daher wesentlich, mit wie vielen Rechenoperationen ein Algorithmus auskommt. Bei dem oben aufgeführten ersten Algorithmus lassen sich noch 3 Multiplikationen einsparen. Die Beziehung

$$\frac{y}{2\pi} = \frac{x}{2\pi} - \text{entier}\left(\frac{x}{2\pi} + 0.25\right)$$

legt nahe, x,y und z durch

$$\tilde{x} = \frac{x}{2\pi}, \quad \tilde{y} = \frac{y}{2\pi}, \quad \tilde{z} = \frac{z}{2\pi}$$

zu ersetzen (spart eine Operation). Die Multiplikation mit 1/3 kann in die Konstanten gesteckt werden, mit deren Hilfe $\xi$ berechnet wird. Eine dritte Multiplikation wird eingespart, wenn man den vierten Schritt umformt zu

$$\sin x = \left(\sqrt[3]{4}\,\sin u\right) \cdot \left[\frac{3}{\sqrt[3]{4}} - \left(\sqrt[3]{4}\,\sin u\right)^2\right] .$$

Im dritten Schritt wird nun statt $\sin u$

$$\sqrt[3]{4} \, \sin \frac{z}{3}$$

berechnet, der Faktor $\sqrt[3]{4}$ wird ebenfalls in die Konstanten "gesteckt":

$$\sqrt[3]{4} \, \sin \frac{z}{3} = \sqrt[3]{4} \, \sin \left( \tilde{z} \, \frac{2\pi}{3} \right)$$

$$= \sqrt[3]{4} \, \tilde{z} \, \frac{2\pi}{3} \left( 1 - \frac{\tilde{z}^2}{3!} \left( \frac{2\pi}{3} \right)^2 + \frac{\tilde{z}^4}{5!} \left( \frac{2\pi}{3} \right)^4 - \ldots \right)$$

$$= \tilde{z} \left( \sqrt[3]{4} \, \frac{2\pi}{3} - \tilde{z}^2 \, \frac{\sqrt[3]{4}}{3!} \left( \frac{2\pi}{3} \right)^3 + \tilde{z}^4 \, \frac{\sqrt[3]{4}}{5!} \left( \frac{2\pi}{3} \right)^5 - \ldots \right)$$

$$= \tilde{z} \left( c_o - \tilde{z}^2 c_1 + \tilde{z}^4 c_2 - \ldots \right) .$$

Damit lautet der

2. Algorithmus:

$$\tilde{x} := x \cdot 0.15915494 \qquad \left( = \frac{x}{2\pi} \right)$$

$$\tilde{y} := \tilde{x} - \text{entier} \, (\tilde{x} + 0.25)$$

$$\tilde{z} := \begin{cases} \tilde{y} & \text{falls} \quad \tilde{y} \leq 0.25 \\ 0.5 - \tilde{y} & \text{falls} \quad \tilde{y} > 0.25 \end{cases}$$

$$v := \tilde{z}\tilde{z}$$

$$w := \tilde{z} \left( c_o + v(-c_1 + v(c_2 - vc_3)) \right)$$

$$\sin x = w(d - ww)$$

mit den Konstanten

$$c_0 = 0.332464499_{10}1$$

$$c_1 = 0.243058747_{10}1$$

$$c_2 = 0.53308748$$

$$c_3 = 0.5567579_{10}{-1}$$

$$d = 0.188988158_{10}1 .$$

Man kommt also mit 8 Multiplikationen und 7 Additionen aus!

Die Verwendung einer Taylorreihe ist nicht die einzige Möglichkeit
zur Berechnung des sinus. Wählt man die Čebyšev – Entwicklung anstelle
der Taylor – Entwicklung, so erhält man ein anderes Polynom, das bes-
sere Approximationseigenschaften besitzt: Die Koeffizienten der
Čebyšev – Entwicklung nehmen schneller ab, für eine vorgegebene Ge-
nauigkeitsforderung genügen daher weniger Terme, vgl. etwa Sauer,
Szabó.

Eine andere Berechnungsmethode ist besonders dann effizient, wenn
sin x und cos x gleichzeitig benötigt werden. Da diese Methode von
ganz anderer Art ist, soll sie hier kurz angedeutet werden. Zunächst
berechnet man für gegebenes $x\ \left(|x| \leq \frac{\pi}{2}\right)$ die Darstellung

$$x \doteq \sum_{k=o}^{n} \xi_k\,\lambda_k \quad \text{mit} \quad \lambda_k = \arctan(2^{-k}) \; ,$$

$$\xi_k = +1 \quad \text{oder} \quad \xi_k = -1 \; ,$$

d.h. die Vorzeichen $\xi_k$ sind zu bestimmen (die $\lambda_k$ sind feste Zahlenwerte). Für dieses $x$ gilt $(i = \sqrt{-1})$ :

$$\cos x + i\,\sin x = e^{ix} = \exp \sum_{k=o}^{n} i\xi_k\,\lambda_k$$

$$= \prod_{k=o}^{n} \exp\,(i\xi_k\lambda_k) =$$

$$= \prod\ (\cos \xi_k\lambda_k + i\,\sin \xi_k\lambda_k)$$

$$= \prod\ (\cos \lambda_k + i\,\xi_k\,\sin \lambda_k)$$

$$= \prod\ \cos \lambda_k\ (1 + i\,\xi_k\,\tan \lambda_k)$$

$$= \prod\ \cos \lambda_k \cdot \prod\ (1 + i\,\xi_k\,2^{-k})$$

$$= \text{Konstante} \cdot \prod_{k=o}^{n}\ (1 + i\,\xi_k\,2^{-k}) \; .$$

Die Berechnung des Produktes läßt sich schnell mit einer Laufanweisung
durchführen. Hierbei werden Real- und Imaginärteil des Produktes (also
cos x und sin x) ohne echte Multiplikation berechnet: Ausdrücke der
Form $\xi_k 2^{-k} b$ sind bei einer Binärzahl b lediglich "Verschiebungen" der
Mantisse mit eventueller Umkehrung des Vorzeichens. Der Index n hängt
von der Stellenzahl des Rechners ab. Ein *Mikroprogramm* zur simultanen
Berechnung von sinus und cosinus findet sich in O. Spaniol: Arithmetik
in Rechenanlagen (Stuttgart: Teubner 1976) .

# Herzschlag

Modelle für das Verhalten des menschlichen Herzschlages werden heute
intensiv studiert. Neben dem Interesse an der "normalen" Arbeit des
Herzmuskels konzentriert sich das Interesse auf das Verhalten des
Herzens unter besonderer Belastung. Die vielfältigen Möglichkeiten,
wie ein gesundes Herz auf Anstrengung oder Aufregung reagiert, sind
noch weit entfernt davon, vollständig erforscht zu sein. Die Beschleunigung des Herzschlages nach einem Adrenalin – Ausstoß sowie die Ver-
langsamung des Schlages auf Grund gewisser Nervenimpulse müssen ver-
standen werden, ehe man ein künstliches Herz konstruieren kann, wel-
ches genügend flexibel an derartige Belastungen angepaßt werden kann.
Neben dem "normalen" Verhalten des Herzens wird auch pathologisches
Verhalten modelliert, wie das Auftreten von irregulären Schlägen. Das
allgemeine Verständnis des Herzschlags sowie die Entwicklung von Steu-
ermöglichkeiten und Mikroprozessoren für künstliche Herzen hängen
entscheidend davon ab, welche Modelle von Biologen und Mathematikern
entwickelt und gelöst werden können.

Im folgenden diskutieren wir ein extrem einfaches Modell für den Herzschlag (nach Zeeman). Obschon es weit vom heutigen Wissensstand entfernt ist, deckt es wichtige qualitative Verhaltensweisen auf.

Beim Herzschlag führt der Herzmuskel eine periodisch wiederkehrende
Bewegung aus. Die Kontraktion des Herzens wird gesteuert durch den
elektrochemischen Impuls der Herzschrittmacherwelle. Weiterhin hängt
der Herzschlag vom Blutdruck ab.

Mit einer ersten Aufgabe wird zunächst der Ruhezustand des Herzschlags
diskutiert.

*Aufgabe 1:*

> Der *Herzschlag des Menschen* genügt den folgenden Differentialglei-
> chungen (vereinfachtes Modell):
>
> $$\dot{x} = -k \cdot X(x,y) \ , \qquad X(x,y) = x^3 - bx + y$$
> $$\dot{y} = Y(x,y) \qquad , \qquad Y(x,y) = x \ - x_o$$
>
> x(t) : Länge einer Herzmuskelfaser (plus einer Konstanten), x(t)
>        beschreibt den Herzschlag. $x_o$ ist die Länge des Herzmuskels
>        im Ruhezustand *Diastole*.
>
> y(t) : elektrochemischer Impuls, Steuergröße.
>
> b    : Blutdruck, vereinfacht als konstant angenommen, Steuergröße.

Es sei  $b = 1$, $x_o = 1.1$, $k = 100$ .

a)    Durch $X(x,y) = 0$  ist in der  $(x,y)$ - Ebene eine Kurve  K  definiert. Man zeichne den Graphen von  K .

b)    Man ermittle den kritischen Punkt  $(x_s,y_s)$  des Systems $(X(x_s,y_s) = Y(x_s,y_s) = 0)$ .

c)    Man diskutiere das qualitative Verhalten der Bahnkurven in der Umgebung des kritischen Punktes.

Entlang der Kurve  K , definiert durch

$$x^3 - bx + y = 0 ,$$

gilt  $\dot{x} = 0$  (der Punkt bedeutet die Ableitung  d/dt ). Für  $b = 1$ ist  K  das kubische Polynom  $y = x - x^3$ . Zum Skizzieren benötigte Größen sind:

$$\text{Nullstellen bei}\quad x = 0, \ x = \pm 1 ,$$
$$y'(0) = 1, \ y'(\pm 1) = -2 ,$$
$$\text{Extrema}\quad (y' = 0)\quad \text{für}$$
$$(x,y) = \left( \pm \frac{1}{\sqrt{3}}, \ \pm \frac{2}{3\sqrt{3}} \right) \approx (\pm 0.58, \ \pm 0.39) .$$

Demzufolge hat die Kurve  K  die in Figur 1 gezeichnete Form.

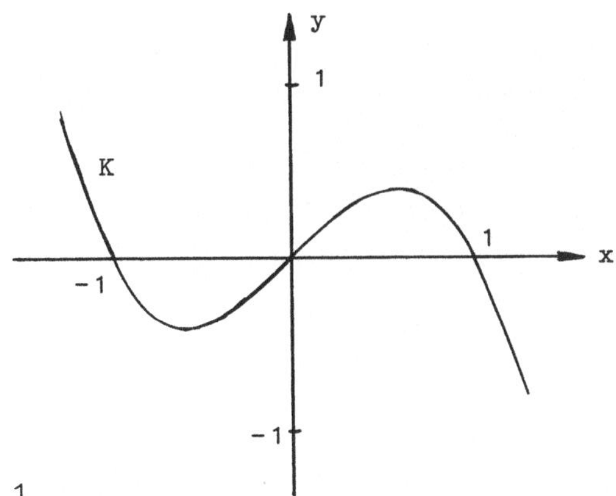


Fig. 1

Der kritische Punkt  $(x_s,y_s)$  muß auf  K  liegen.

Aus $\dot{y} = 0$ folgt $x_s = x_o$ und $y_s = x_o(1 - x_o^2)$ , also:

$$(x_s, y_s) = (1.1, -0.231) \ .$$

Dies ist der einzige kritische Punkt *).

Um das qualitative Verhalten der Bahnkurven in der Umgebung des kritischen Punktes zu studieren, wird das Differentialgleichungssystem um $(x_s, y_s)$ linearisiert: In der Nähe von $(x_s, y_s)$ ("lokal") gilt für die Trajektorien $x(t), y(t)$

$$\begin{pmatrix} \dot{x} \\ \dot{y} \end{pmatrix} \approx \begin{pmatrix} -k(3x_s^2 - b) & -k \\ 1 & 0 \end{pmatrix} \begin{pmatrix} x - x_s \\ y - y_s \end{pmatrix}$$

$$= \begin{pmatrix} -263 & -100 \\ 1 & 0 \end{pmatrix} \begin{pmatrix} x - 1.1 \\ y + 0.231 \end{pmatrix} =: A \begin{pmatrix} x - 1.1 \\ y + 0.231 \end{pmatrix} \ .$$

Zur Diskussion dieses linearen Systems berechnet man die Eigenwerte der Matrix $A$ aus **)

$$0 = \lambda^2 + 263\,\lambda + 100 \ .$$

Die Wurzeln dieser quadratischen Gleichung sind mit

$$\lambda_1 = \quad -0.38 \ \dots$$

$$\lambda_2 = -262.62 \ \dots$$

beide reell und negativ. Also ist $(x_s, y_s)$ ein stabiler Knoten, zumindest benachbarte Bahnkurven werden von $(x_s, y_s)$ angezogen.

Unklar ist noch, in welcher Weise die Trajektorien auf $(x_s, y_s)$ zulaufen. Um dies zu klären, müssen die Eigenvektoren $q_i$ (zu $\lambda_i$, $i = 1, 2$) der Matrix $A$ bestimmt werden.

Die Trajektorien verhalten sich dann wie

$$\begin{pmatrix} x(t) - x_s \\ y(t) - y_s \end{pmatrix} \approx c_1 q_1 e^{\lambda_1 t} + c_2 q_2 e^{\lambda_2 t} \ ,$$

---

*) Kritische Punkte werden auch stationäre, singuläre oder Gleichgewichtspunkte genannt.

**) Zur Erinnerung: Bei einem linearen Differentialgleichungssystem $\begin{pmatrix} \dot{u} \\ \dot{v} \end{pmatrix} = A \begin{pmatrix} u \\ v \end{pmatrix}$ führt der Ansatz $\begin{pmatrix} u \\ v \end{pmatrix} = e^{\lambda t} q$ auf das Gleichungssystem $(A - \lambda I)q = 0$ (I : Einheitsmatrix). Hierbei ist $q$ Eigenvektor und $\lambda$ Eigenwert, letzterer ist bestimmt durch $0 = \det(A - \lambda I)$ .

$c_1$ und $c_2$ sind vom Ausgangspunkt der Trajektorie abhängige reelle Zahlen.

Bezeichnen $\xi_1$ und $\xi_2$ die Komponenten von $q$ , also $q = \begin{pmatrix} \xi_1 \\ \xi_2 \end{pmatrix}$ , so lautet das Gleichungssystem $(A - \lambda I)q = 0$ komponentenweise

$$(-263 - \lambda)\,\xi_1 \; - \; 100\xi_2 \; = \; 0$$

$$1 \cdot \xi_1 \; - \; \lambda\,\xi_2 \; = \; 0 \quad .$$

Die zweite dieser Gleichungen läßt die gesuchten Eigenvektoren bequem ablesen:

$$\text{wähle} \quad \xi_2 = 1 \; , \quad \text{dann gilt} \quad \xi_1 = \lambda \; .$$

Damit lauten die Eigenvektoren von $A$

$$q_1 = \begin{pmatrix} -0.38 \\ 1 \end{pmatrix} , \qquad q_2 = \begin{pmatrix} -262.62 \\ 1 \end{pmatrix} .$$

Diese Eigenvektoren geben uns die Richtung der durch $(x_s, y_s)$ verlaufenden Eigengeraden (Fig. 2).

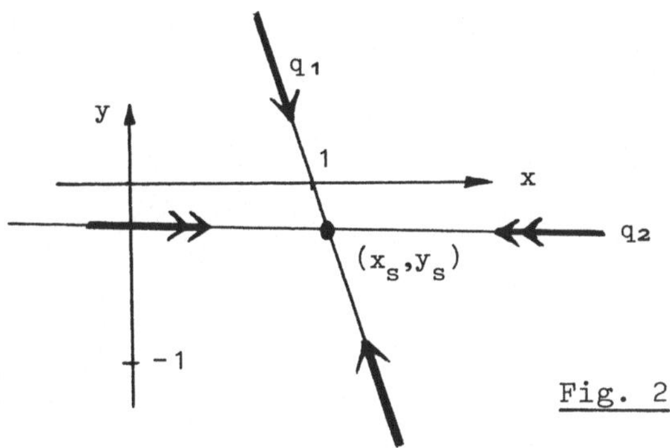


Fig. 2

Wegen $\lambda_i < 0$ $(i = 1,2)$ bewegen sich diejenigen Lösungsbahnen, die entlang den Eigengeraden laufen $(c_2 = 0$ oder $c_1 = 0)$ , in Richtung auf den kritischen Punkt zu. Die Geschwindigkeiten werden durch die Eigenwerte beschrieben. Da $|\lambda_1|$ "klein" und $|\lambda_2|$ "groß" ist, erfolgt entlang $q_1$ die langsamere Bewegung ($\leftarrow$), während die Bewegung entlang $q_2$ sehr schnell ist ($\leftarrow\leftarrow$) .

Die Richtung der Eigengeraden $q_1$ fällt im kritischen Punkt $(x_s, y_s)$

mit der Richtung der Kurve  K  zusammen. Wegen  $|\lambda_1| \ll |\lambda_2|$  schmiegen sich die Trajektorien an  K  an, vergleiche Figur 3 .

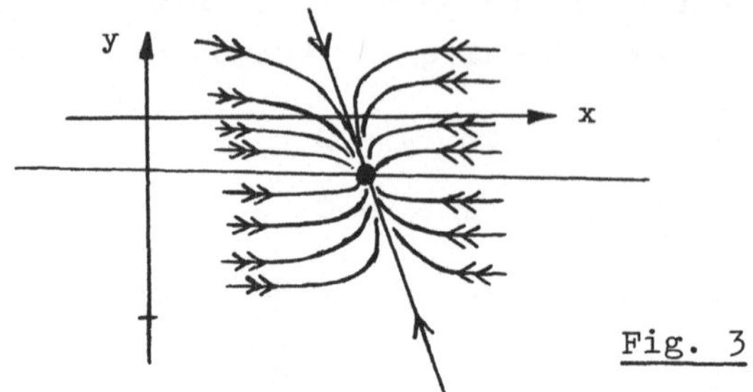

Fig. 3

Das lokale Verhalten der Trajektorien um den Knoten  $(x_s, y_s)$  ist in der Skizze stark vergrößert wiedergegeben.

In der folgenden Aufgabe wird der eigentliche Herzschlag diskutiert, d.h. es wird das *globale* Verhalten der Lösungen der Differentialgleichungen untersucht.

*Aufgabe 2:*

Gegeben sind die Differentialgleichungen des *menschlichen Herzschlages* (vereinfachtes Modell):

$$\dot{x} = -k\,X(x,y) \quad , \quad X(x,y) = x^3 - bx + y$$

$$\dot{y} = Y(x,y) \qquad , \quad Y(x,y) = x - x_o$$

$b = 1.$, $x_o = 1.1$, $k = 100$ .

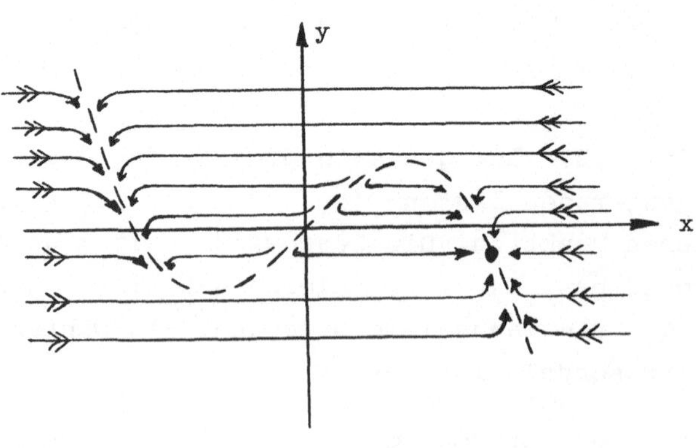

78

Die vorstehende Skizze zeigt qualitativ globale Lösungsverläufe.
Die durch  X(x,y) = 0  definierte Kurve ist gestrichelt eingezeichnet.

a) Man begründe das Lösungsverhalten, ohne die Differentialgleichungen zu lösen.

Das System befinde sich im kritischen Punkt $(x_s,y_s)$ . Durch eine
äußere Einwirkung (*Herzschrittmacherwelle*) wird  y  von  $y_s$  bis
auf  $y_{max}$= 0.5  angehoben; die Variable  x  wird währenddessen
durch ihre Differentialgleichung bestimmt. Wenn  $y_{max}$  erreicht
ist, endet die äußere Einwirkung.

b) Man überlege sich mit Hilfe der Skizze, welchen Weg das System
   zurück zum Ruhezustand  $(x_s,y_s)$  nimmt und zeichne diesen Weg.
   (Die sprunghafte Kontraktion und Entspannung des Herzmuskels
   werden sichtbar.)

c) Man überlege sich b) für  b = 1.5  (*Herzinfarkt* bei zu hohem
   Blutdruck) und zeichne auch hier einen Zyklus von  $(x_s,y_s)$  zurück zu  $(x_s,y_s)$ .

Wir denken uns die  (x,y) - Ebene aufgeteilt in drei Bereiche: Einen
schmalen Streifen  S  entlang der kubischen Parabel  K , den Bereich
"oberhalb" dieses Streifens und den Bereich "unterhalb" (vgl. Fig. 4) .

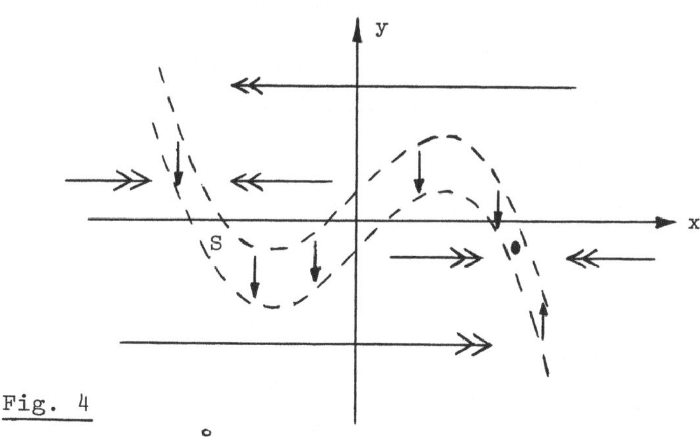


Fig. 4

In diesem Streifen  S  gilt  $X(x,y) \approx 0$ , hier wird die "Bewegung"
der Trajektorien im wesentlichen durch  $\dot{y} = Y(x,y)$  bestimmt und verläuft daher "senkrecht". Je größer  k  ist, desto schmaler ist der
Streifen  S . Außerhalb des Streifens dominiert die Differentialglei-

chung $\dot{x} = -k \cdot X(x,y)$ , $|\dot{x}|$ ist groß im Vergleich zu $|\dot{y}|$ . Also erfolgt die Bewegung schnell in "waagerechter" Richtung. Oberhalb von S gilt $\dot{x} < 0$ , unterhalb $\dot{x} > 0$ .

Für die folgende Überlegung teilen wir den Streifen S bzw. die Kurve K in drei Teile auf: Das Mittelstück mit positiver Steigung und die beiden äußeren Äste mit negativer Steigung (Fig. 4). Offenbar ist der mittlere Teil instabil: Jeder Punkt (x,y) wird von diesem Mittelstück "weggerissen" hin zu den äußeren Ästen von K . Damit ist das globale Lösungsverhalten hinlänglich charakterisiert, jede Trajektorie endet schließlich im stabilen Knoten $(x_s,y_s)$ .

Um eine periodische Bewegung ausführen zu können, benötigt das System eine äußere Einwirkung. Eine solche ist durch die Herzschrittmacherwelle gegeben. Solange sie die Größe y bestimmt, ist die Differentialgleichung für y außer Kraft. Dies ist die

_1. Phase (Kontraktion)_ x  bestimmt durch $\dot{x} = -kX(x,y)$

$\qquad\qquad\qquad\qquad y \to y_{max}$ durch äußere Einwirkung

Das Systemverhalten in dieser ersten Phase ist in Figur 5 wiedergegeben:

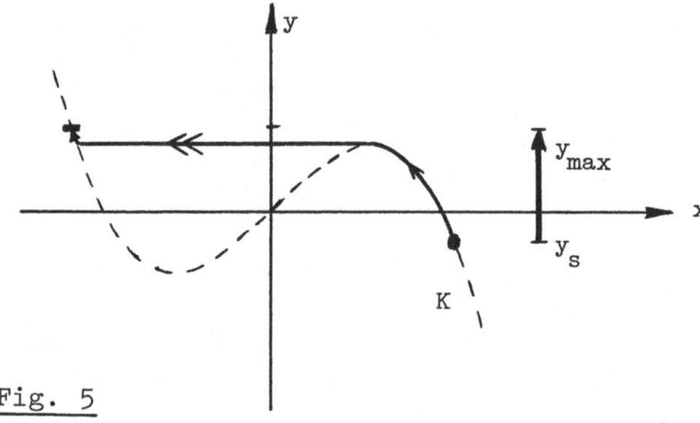


Fig. 5

Zunächst wird (x,y) aus dem Ruhepunkt $(x_s,y_s)$ herausgezogen. Infolge des waagerechten "Druckes" bleibt (x,y) in der Nähe des rechten Astes von K . Sobald (x,y) den instabilen Bereich von K erreicht (y hat hier seinen maximalen Wert noch nicht angenommen), springt die Bewegung schnell zum linken äußeren Ast von K . Hier erfolgt noch ein kleines Stück langsamer Bewegung, bis mit dem maximalen

Wert von  $y = y_{max}$  die Kontraktion des Herzmuskels abgeschlossen ist.
Die äußere Einwirkung endet, es folgt die

*2. Phase (Entspannung)*  x  und  y  beide durch die Differentialgleichungen bestimmt.

Die Trajektorie des "Rückweges" gehorcht dem globalen Lösungsverhalten (vgl. Fig. 4), sie ist in Figur 6 gezeichnet.

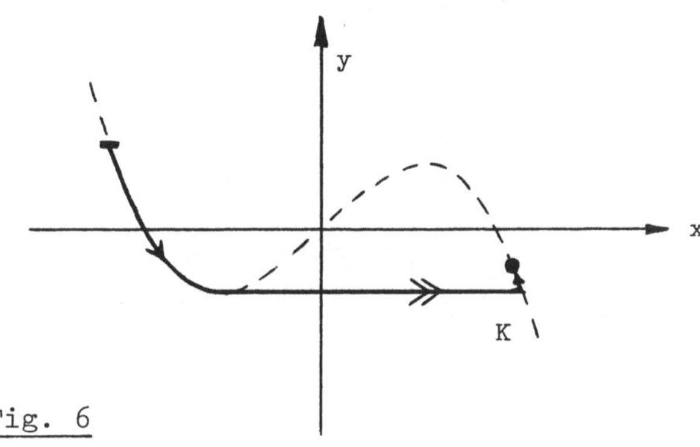


Fig. 6

Nachdem der Herzmuskel in der Herzpause eine kurze Zeit im kritischen
Punkt verharrt, kann der Herzschlag nach Einsetzen der Herzschrittmacherwelle mit der 1. Phase erneut beginnen.

Wir haben nun die Dynamik der Herzbewegung im wesentlichen erfaßt.
Das Modell bietet aber noch mehr: Der Blutdruck  b , bisher als konstant angenommen, kann noch variiert werden. Für den Wert b = 1.5 ändert
die Kurve  K  ihre Gestalt, die Durchbiegung im Mittelteil wird größer.
Die Nullstellen des zugehörigen kubischen Polynoms liegen jetzt bei
$x = \pm\sqrt{3/2} \approx \pm 1.22$, die Extremwerte bei  (x,y) $\approx$ ($\pm$0.707, $\pm$0.707) .

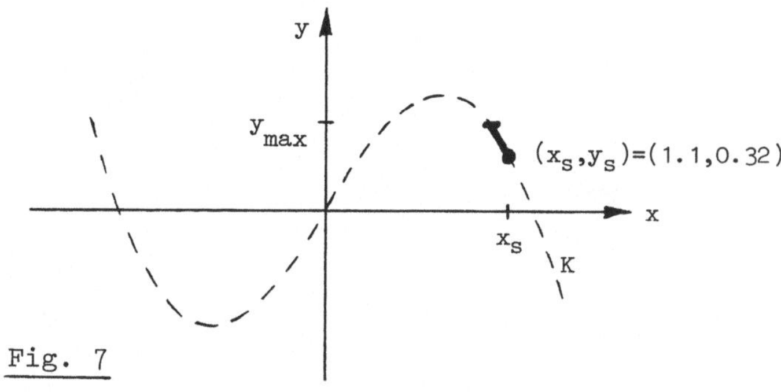


Fig. 7

Die Zahlenwerte sind derart, daß das Maximum von $K$ , die "Schulter",
oberhalb des Niveaus $y = y_{max}$ liegt (Fig. 7). Im Verlauf der Herzschrittmacherwelle wird die Schulter nicht mehr erreicht und es erfolgt kein Sprung, keine Kontraktion. Zu hoher Blutdruck bedeutet
nach diesem Modell ein Anheben der Schulter über $y_{max}$ hinaus, also:

$$\frac{2}{3} b \sqrt{\frac{b}{3}} > y_{max} \; .$$

Für $b > \left(\frac{3\sqrt{3}}{3} y_{max}\right)^{2/3}$ kontrahiert der Herzmuskel nicht, er führt lediglich eine sehr schwache Bewegung aus.

Faßt man $b$ als kontinuierliche Variable auf, so wird durch

$$0 = X(x,y,b) = x^3 - bx + y$$

statt einer Kurve eine Fläche im dreidimensionalen $(x,y,b)$ - Raum definiert (Fig. 8).

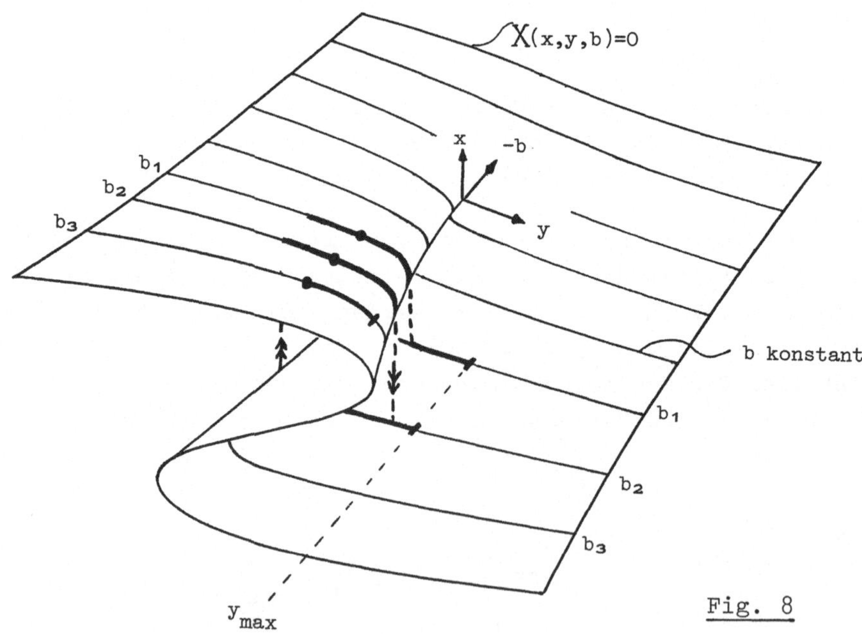


Fig. 8

Über einem Teilbereich der $(y,b)$ - Ebene (in der Form eines Horns,
engl. cusp) schieben sich Teile der Fläche übereinander. Diese Fläche kann als "langsame Mannigfaltigkeit" bezeichnet werden, entlang
der Fläche ist die Bewegung in $x$ - Richtung langsam. Die Fläche hat
zwei Kanten mit "senkrechter" Steigung; hier treten Sprünge von der
oberen Teilfläche zur unteren auf (und umgekehrt). Anhand dieser
Fläche können verschiedene Arten von Herzbewegungen erklärt werden:

$b_1$ :  Herzvorkammer:      geringer Blutdruck,
                              geringe Kontraktion

$b_2$ :  Hauptkammer:        normaler Blutdruck,
                              starke Kontraktion

$b_3$ :  zu hoher Blutdruck, keine Kontraktion.

Unterhalb der kritischen Blutdruck - Grenze bewirkt ein höherer Blutdruck einen kräftigeren Herzschlag. Phänomene, die sich mit einer
solchen Fläche beschreiben lassen, heißen auch "cusp - Katastrophe".

*Literatur*

Die Fallstudie basiert auf dem Modell in:

E.C. Zeeman: Catastrophe Theory
London: Addison - Wesley 1977

Als Beispiel für ein anspruchsvolleres Modell sei verwiesen auf:

G.W. Beeler, H. Reuter: Reconstruction of the action
potential of ventricular myocardial fibres.
J. Physiol. 268 (1977) 177 - 210 .

# Nervenimpulse

Von ähnlicher Bedeutung wie Herzschlagmodelle sind Modelle, welche
die Ausbreitung von Nervenimpulsen beschreiben. Unter anderem dienen einige "Nervenmodelle" auch der Beschreibung des Herzschlags,
dann nämlich, wenn angenommen wird, daß die mechanische Kontraktion
einer Muskelfaser auf eine Nervenreizung folgt (mit einer gewissen
Zeitverzögerung). Die mathematischen Modelle von Nervenimpulsen werden meist durch partielle Differentialgleichungen beschrieben, deren
Lösung aufwendige numerische Methoden erfordern. In der vorliegenden
Fallstudie diskutieren wir die Lösung eines sehr einfachen Modelles,
das durch gewöhnliche Differentialgleichungen beschrieben wird (nach
FitzHugh).

Spannungsschwankungen spielen für die Ausbreitung von Nervenimpulsen
eine wesentliche Rolle. Im Ruhezustand sind die Neuronen innen negativ geladen. Dies wird insbesondere durch eine im Inneren niedrige
Konzentration von $Na^+$ - Ionen verursacht. Ein entsprechendes Konzen-
trationsgefälle von Natrium von der äußeren zur inneren Seite der
Nervenmembran, ermöglicht durch geringe Permeabilität für $Na^+$, wird
durch Ionen - Pumpen aufrechterhalten. Im Falle einer Nervenreizung
"öffnet" sich die Membran vorübergehend (kurzzeitige hohe $Na^+$ - Permeabilität) und läßt $Na^+$ - Ionen einströmen. Hierdurch ändert sich
die Ladungsverteilung. Nach Absinken der $Na^+$ - Permeabilität sinkt
im Inneren des Neurons die $Na^+$ - Konzentration ab und es stellt sich
erneut das negative Ruhepotential ein.

Dieser Wechsel von Depolarisation und Repolarisation, hier vereinfacht dargestellt, läuft in wenigen Millisekunden ab und kann als eine einzelne Schwingung des Potentials angesehen werden. Bei Andauern
der Nervenreizung wiederholt sich dieser Vorgang periodisch. Die Amplitude der Schwingung ist nicht proportional zur Intensität der Nervenreizung: Der Nerv spricht nicht an, wenn die Reizung schwächer als
ein gewisser Schwellenwert ist; hier bleibt das Ruhepotential *stationär*. Erst wenn die Nervenreizung diesen kritischen Schwellenwert über-
schreitet, wird das Ruhepotential instabil und es setzt die Schwingung
mit voller Amplitude ein (Spannungsschwankung etwa 100 mV).

In der folgenden Aufgabe wird ein solches Schwellenverhalten zwischen
Ruhe und (Ladungs-) Bewegung simuliert. Das Modell ist qualitativer
Natur, die Zahlenwerte lassen keine unmittelbare Deutung zu.

*Aufgabe:*

## Membranpotential von Nervenzellen

### Erklärung:

Die Intensität der Nervenreizung bewirkt ein unterschiedliches *Generatorpotential* $\gamma$ in den *Dendriten* der Nervenzellen. Abhängig von dem Wert des Generatorpotentials kann das *Membranpotential* der Nervenfaser (*Axon*) zwei Grundzustände annehmen: Ist $\gamma$ größer als ein *Schwellenwert* $\gamma_0$ (geringe Reizung), so ist das Membranpotential *stationär*. Ist $\gamma$ kleiner als $\gamma_0$ (Reizung genügend groß), so besteht das Membranpotential aus periodischen Impulsen.

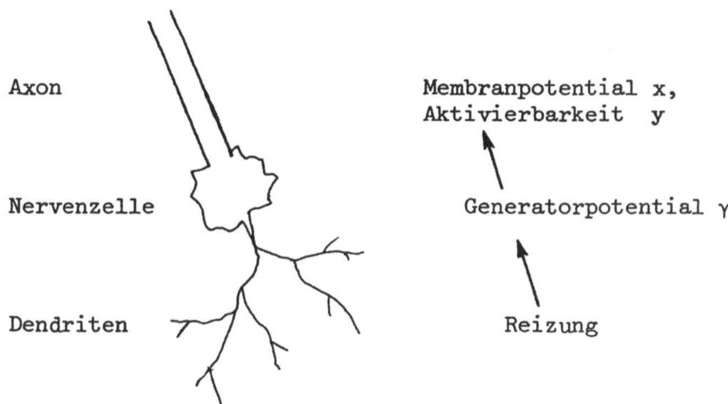


### Mathematisches Modell:

Das Potentialverhalten von Nervenfasern wird durch die Lösungen der Differentialgleichungen

$$\dot{x} = 3(y + x - x^3/3 + \gamma)$$

$$\dot{y} = -(x - 0.7 + 0.8y)/3$$

beschrieben, hierbei bedeuten

$$x(t) \ : \ \text{Membranpotential,}$$

$$y(t) \ : \ \text{Aktivierbarkeit der Nervenzelle,}$$

$$\gamma \ : \ \text{Generatorpotential.}$$

Um die kritischen Punkte $(x_s,y_s)$ des Systems zu berechnen, wird
$\dot{x} = \dot{y} = 0$ gesetzt. Aus $\dot{y} = 0$ folgt

$$y = \frac{7}{8} - \frac{5}{4}x \, ,$$

aus $\dot{x} = 0$ ergibt sich

$$\gamma = \frac{x^3}{3} - x - y = \frac{x^3}{3} + \frac{x}{4} - \frac{7}{8} \, .$$

$\gamma(x)$ ist monoton $(d\gamma/dx = x^2 + \frac{1}{4} > 0)$ , also entspricht bei dieser
Gleichung jedem $\gamma$ - Wert ein eindeutiger $x$ - Wert, berechenbar etwa mit
dem Newton - Verfahren. Damit ist implizit die stationäre Lösung in
Abhängigkeit vom Generatorpotential $\gamma$ gegeben,

$$x_s = x_s(\gamma) \, , \quad y_s = y_s(\gamma) \, .$$

Wir bleiben bei der bequemeren expliziten Darstellung

$$\gamma(x_s) \, , \quad y_s(x_s) \, .$$

Nachdem nun die Lage der kritischen Punkte bestimmt ist, folgt die
Diskussion des qualitativen Lösungsverhaltens in der Umgebung von
$(\gamma,x_s,y_s)$ , Hierzu werden die Eigenwerte der Matrix der Linearisierung
benötigt. Das am kritischen Punkt linearisierte System lautet

$$\begin{pmatrix} \dot{x} \\ \dot{y} \end{pmatrix} \approx \begin{pmatrix} 3 - 3x_s^2 & 3 \\ -1/3 & -8/30 \end{pmatrix} \begin{pmatrix} x - x_s \\ y - y_s \end{pmatrix} \, .$$

Die Eigenwerte $\lambda_1,\lambda_2$ der Matrix

$$\begin{bmatrix} 3\alpha & 3 \\ -1/3 & -8/30 \end{bmatrix} \; , \quad \alpha := 1 - x_s^2$$

sind die Lösungen der quadratischen Gleichung

$$0 = (3\alpha - \lambda)\left(-\frac{8}{30} - \lambda\right) + 1$$

$$= \lambda^2 + \lambda\left(\frac{4}{15} - 3\alpha\right) + \left(1 - \frac{4}{5}\alpha\right) \; ,$$

man erhält

$$\lambda_{1,2} = \frac{1}{2}\left(3\alpha - \frac{4}{15}\right) \pm \frac{1}{2}\sqrt{D} \; ,$$

$$D := 9\alpha^2 + \frac{8}{5}\alpha - \frac{884}{225} \; .$$

Um die Art der kritischen Punkte zu bestimmen ($\lambda_{1,2}$ reell oder komplex?), muß die Vorzeichenverteilung der Diskriminante D untersucht werden. Die Nullstellen von D sind

$$\alpha_1 = \frac{26}{45} \; , \quad \alpha_2 = -\frac{34}{45} \; .$$

D < 0 bedeutet

$$-\frac{34}{45} < \alpha = 1 - x_s^2 < \frac{26}{45} \; ,$$

$$\frac{19}{45} < x_s^2 < \frac{79}{45} \; ,$$

demnach gibt es zwei Bereiche von $x_s$ , für welche wegen D < 0 die Eigenwerte $\lambda_{1,2}$ komplex sind. Diese beiden Bereiche sind gegeben durch

$$\sqrt{\frac{19}{45}} < |x_s| < \sqrt{\frac{79}{45}} \; ,$$

hier liegen also Strudel vor, außerhalb dieser Bereiche sind die kritischen Punkte Knoten. Entscheidend ist die Stabilität, sie ist durch das Vorzeichen des Realteils bestimmt. Die folgenden äquivalenten Umformungen kennzeichnen den Bereich der Stabilität:

$$3\alpha - \frac{4}{15} < 0$$

$$\alpha = 1 - x_s^2 < \frac{4}{45}$$

$$x_s^2 > \frac{41}{45}$$

$$|x_s| > \sqrt{\frac{41}{45}} \; .$$

Die Zahlenwerte von Interesse sind

$$\sqrt{19/45} \approx 0.6498$$

$$\sqrt{79/45} \approx 1.325$$

$$\sqrt{41/45} \approx 0.9545 \; .$$

Zusammenfassend werden in der folgenden Aufstellung die 7 Bereiche mit unterschiedlichem qualitativen Verhalten aufgelistet:

$$|x_s| < \sqrt{19/45} \qquad \text{instabiler Knoten}$$

$$\sqrt{19/45} < |x_s| < \sqrt{41/45} \qquad \text{instabiler Strudel}$$

$$\sqrt{41/45} < |x_s| < \sqrt{79/45} \qquad \text{stabiler Strudel}$$

$$\sqrt{79/45} < |x_s| \qquad \text{stabiler Knoten} \quad .$$

Nur für stabile kritische Punkte bleibt das Membranpotential stationär. Die zur Stabilitätsgrenze $x_s^2 = 41/45$ gehörenden $\Upsilon_o$ - Werte sind

$$\Upsilon_o = x_s \left( \frac{x_s^2}{3} + \frac{1}{4} \right) - \frac{7}{8} \doteq \left\{ \begin{array}{l} -0.3465 \\ -1.4035 \end{array} \right. \; .$$

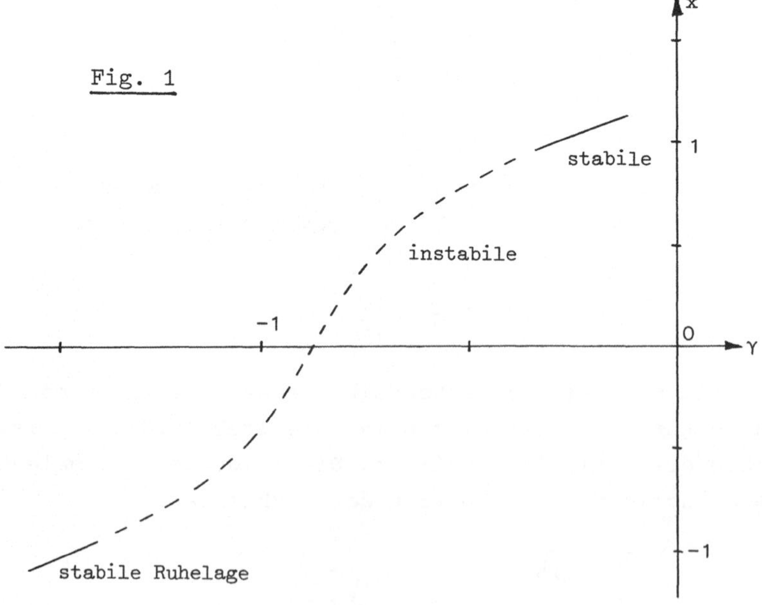



Fig. 1

für die Skizze der kritischen Werte in der $(\gamma,x)$ - Ebene (Fig. 1) berücksichtigen wir, daß $\gamma(x)$ eine kubische Parabel mit Punktsymmetrie ist:

$$\gamma + \frac{7}{8} = \frac{x^3}{3} + \frac{x}{4} =: \gamma^*$$

$$\gamma^*(-x) = -\gamma^*(x) \ ,$$

also Punktsymmetrie zu $(\gamma,x) = (-7/8,\ 0)$ .

Bisher haben wir die kritischen Punkte und ihr Stabilitätsverhalten berechnet. Lösungen $x(t),y(t)$ des nichtlinearen Differentialgleichungssystems werden in den stabilen Bereichen $(\gamma > -0.346 \ldots\ ,\ \gamma < -1.4 \ldots)$ gegen die stationäre Lösung konvergieren

$$x(t) \to x_s \ , \qquad y(t) \to y_s \ .$$

Im instabilen Bereich streben Lösungen aus der Umgebung der Gleichgewichtslösung heraus. Im folgenden soll der Frage nachgegangen werden, wohin die Lösungen im Fall der instabilen Ruhelage streben. Zunächst schneiden wir aus der $(x,y)$ - Ebene ein "großes" Rechteck heraus und untersuchen, in welcher Richtung Bahnkurven $x(t),y(t)$ den Rand überqueren, von außen nach innen oder umgekehrt. Das Rechteck, in dem der kritische Punkt enthalten sein muß, setzen wir an als

$$R = \left\{ (x,y) \mid |x| \leq A \ , \ |y| \leq B \right\} \ .$$

Für $A = 10, B = 20$ werden die Vorzeichen von $\dot{x},\dot{y}$ an den vier Randstücken von $R$ berechnet, jeweils für den Bereich $-1.4\ldots < \gamma < -0.34\ldots$ instabiler Ruhelagen:

$$x = 10, \ -20 \leq y \leq 20 \ : \ \dot{x} = 3\left(y + 10 - \frac{1000}{3} + \gamma\right) < 0$$

$$x = -10, \ -20 \leq y \leq 20 \ : \ \dot{x} = 3\left(y - 10 + \frac{1000}{3} + \gamma\right) > 0$$

$$-10 \leq x \leq 10, \ y = 20 \ : \ \dot{y} = - (x - 0.7 + 16)/3 < 0$$

$$-10 \leq x \leq 10, \ y = -20 \ : \ \dot{y} = - (x - 0.7 - 16)/3 > 0 \ .$$

Es zeigt sich, daß Trajektorien den Rand des Rechtecks nur von außen nach innen überqueren. (Das Rechteck kann viel kleiner gewählt werden, eine Aufgabe für interessierte Leser!). Demnach müssen die vom kritischen Punkt wegstrebenden Trajektorien in der "Nähe" bleiben.

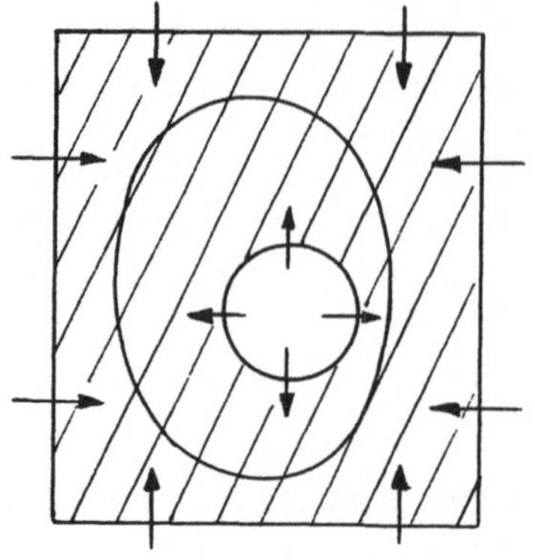

Schematisch läßt sich diese Situation im nebenstehenden Bild verdeutlichen: Die Trajektorien müssen in den schraffierten Bereich einlaufen. Da es dort keinen weiteren kritischen Punkt gibt, werden die Trajektorien gegen einen stabilen *Grenzzykel* konvergieren. Dies bedeutet das Auftreten einer periodischen Lösung, ohne daß eine äußere Einwirkung vorliegt.

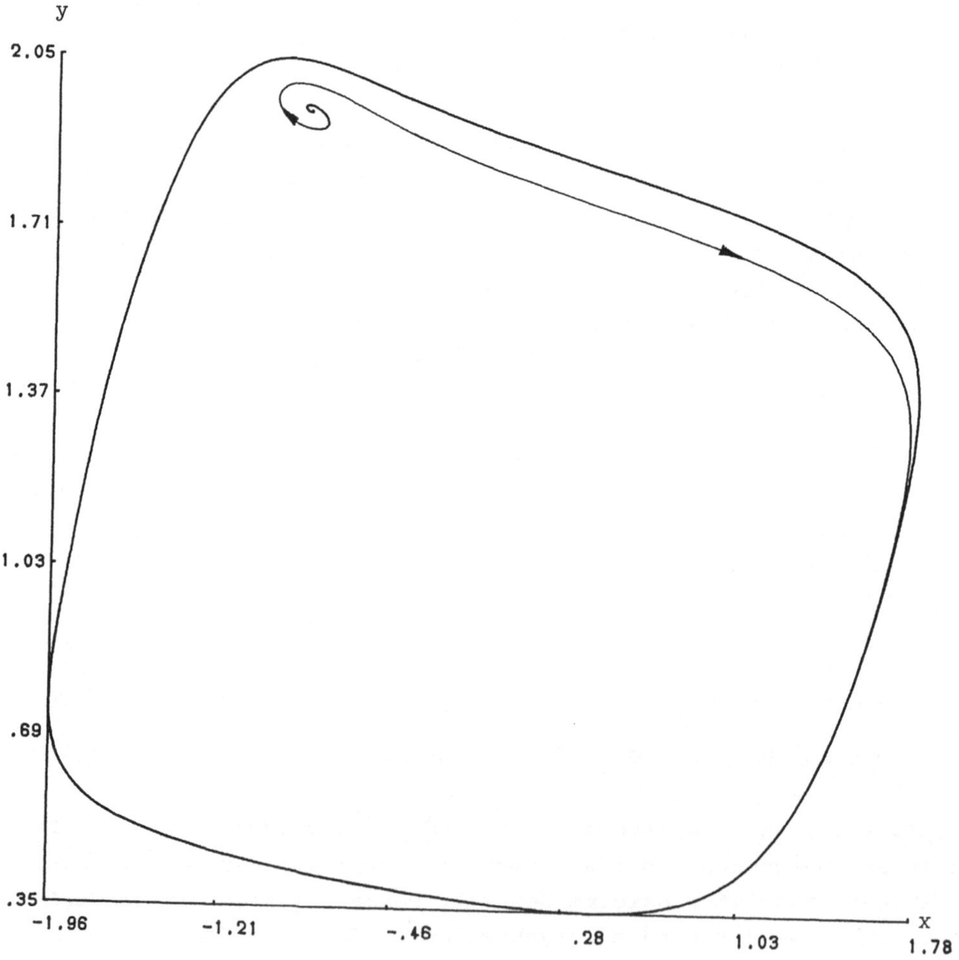

Fig. 2

Eine solche periodische Lösung kann berechnet werden, indem das Differentialgleichungssystem numerisch integriert wird. Hierzu geht
man aus von Anfangswerten, die man etwa in der Nähe der instabilen
Ruhelage wählt. Die Figur 2 zeigt das Resultat für $\gamma = -1.3$ .

In diesem *Phasendiagramm* der $(x,y)$ - Ebene erkennt man deutlich,
wie sich die Trajektorie vom instabilen kritischen Punkt in einer
strudelartigen Bahn entfernt und in den stabilen Grenzzykel ein-
mündet.

Nachdem wir nun das Lösungsverhalten des Differentialgleichungssystems untersucht haben, kehren wir zurück zur biologischen Bedeutung der Größen $\gamma,x,y$ . Zur Diskussion gehen wir aus von Werten des
Generatorpotentials $\gamma$ in der Nähe des Schwellenwertes $\gamma_o = -1.4...$
(anhand des anderen $\gamma_o$ - Wertes ließe sich das Membranverhalten analog erklären).

Folgende Situation sei angenommen: Vor einer Nervenreizung hat das
Generatorpotential den Wert $\gamma = -1.5$ . Für diesen Wert nimmt das
Membranpotential $x(t)$ den stabilen stationären Wert
$x(t) \equiv x_{-1.5} \approx -1.03$ an, mit $y(t) \equiv y_{-1.5} \approx 2.16$ . Eine plötzliche
Nervenreizung senke nun das Generatorpotential auf $\gamma = -1.3$ . Für
diesen Wert $\gamma = -1.3$ sind $x_{-1.5}$ und $y_{-1.5}$ keine stationären
Lagen mehr. Eine benachbarte stabile Ruhelage gibt es hier nicht, die
Trajektorie wird vom stabilen Grenzzykel eingefangen. Ohne aufwen-
digen Einschwingungsvorgang erreicht die Schwingung des Potentials
sofort die volle Amplitude; dies entspricht dem bei Nervenimpulsen
beobachteten Verhalten. - Das zugehörige Phasendiagramm sowie das
zeitliche Verhalten des Potentials $x(t)$ werden in den Figuren 3
und 4 veranschaulicht.


*Literatur:*

R. FitzHugh : Impulses and physiological states in theoretical models
of nerve membrane.
Biophysical J. 1 (1961) 445 - 466

y
2.16
1.80
1.44
1.08
.71
.35
-1.96   -1.20   -.44   .32   1.07   1.83
x
Fig. 3

x
1.83
1.07
.32
-.44
-1.20
-1.96
0   10   20   30
t
Fig. 4

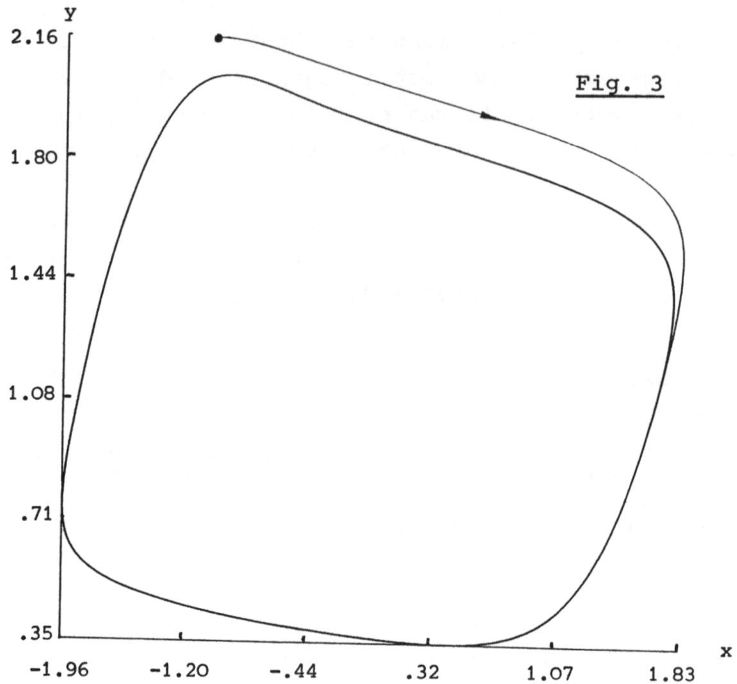

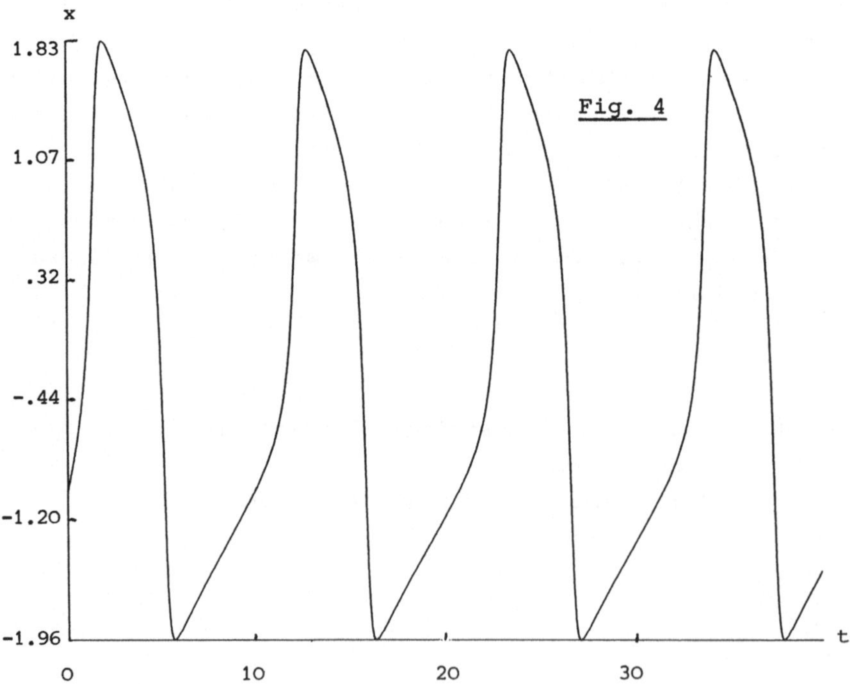

92

# Schwingungsverhalten eines Generators

Mit Hilfe geeigneter Rückkopplungs-Schaltungen gelingt es, elektri-
sche Schwingkreise zu entdämpfen. Auf diese Weise lassen sich periodische Spannungsschwankungen konstanter Amplitude erzeugen. Ähnlich
wie bei den Nervenimpulsen können diese Wechselspannungen durch eine
nichtlineare Differentialgleichung 2. Ordnung beschrieben werden.
Während wir in der vorigen Fallstudie die zugehörigen periodischen
Lösungen numerisch berechnet haben, wollen wir hier mit einer analy-
tischen Methode eine Näherung für die Wechselspannung konstruieren. –
Die folgende Aufgabe kann bereits bei Kenntnis der Bernoullischen
Differentialgleichung (bzw. Trennung der Variablen) gelöst werden;
die zugrunde liegende Näherungsmethode wird hinterher erläutert.

*Aufgabe 1:*

Ein LCR – Schwingkreis ist an
ein Rückkopplungsnetzwerk
mit Verstärker angeschlos-
sen. Die Spannung dieses
selbsterregten Oszillators ge-
nüge der Differentialgleichung

(1) $LC\ddot{U} + RC\dot{U} + U = \dot{U}CS \exp(-U^2)$.

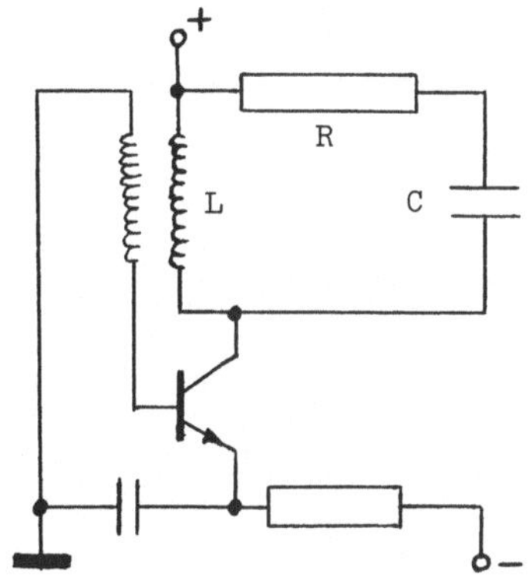


Man berechne die Oszillator-
kreisfrequenz $\omega = 2\pi\nu$ und untersuche das qualitative Verhalten des Oszillators wie
folgt:

a) Man setze $U(t) = A(t) \cdot \cos\omega t$ und berechne $\dot{U}$ bzw. $\ddot{U}$ .
   Für den technisch interessanten Fall ist es gestattet, bei $\dot{U}$
   das Glied mit $\dot{A}$ und bei $\ddot{U}$ das Glied mit $\ddot{A}$ zu vernachlässigen. Mit diesen Ausdrücken für $U,\dot{U},\ddot{U}$ gehe man in (1) ein
   (hierbei ist es zulässig, $\exp(-U^2)$ durch die Näherung $1 - \frac{A^2}{4}$
   zu ersetzen) und zeige, daß wegen der linearen Unabhängigkeit
   von $\sin\omega t$ und $\cos\omega t$

$$\omega = \frac{1}{\sqrt{LC}}$$

sein muß, und daß $A(t)$ der folgenden Differentialgleichung
genügt:

$$\dot{A} = \frac{S - R}{2L} \cdot A - \frac{S}{8L} \cdot A^3 \ .$$

b) Man bestimme die Lösung $A(t)$ mit $A(0) = A_o > 0$ .

c) Man bestimme $\lim\limits_{t\to\infty} A(t)$ und unterscheide dabei die Fälle
$S < R, \ S = R, \ S > R$ . Wie groß muß $S$ gewählt werden, damit
der Oszillator stabil schwingt?

d) Es sei $S = 100, \ L = 4, \ C = 10^{-4}$ . Man skizziere $U(t)$ für
$0 \leq t \leq \pi$ in den Fällen

   $\alpha$) $R = 96, \quad A_o = 2/3$

   $\beta$) $R = 96, \quad A_o = 1/4$

   $\gamma$) $R = 104, \quad A_o = 1/2$ .

Der Lösungsvorschlag zu dieser Aufgabe beruht auf der "Methode der
langsam veränderlichen Amplitude" nach Van der Pol. Bei der autonomen
Differentialgleichung (1) genügt es, die Spannung $U(t)$ als Produkt
aus Amplitude $A$ und Oszillation $\cos\omega t$ anzusetzen *).
$A$ oszilliert im Vergleich zu $\cos\omega t$ kaum, es gilt also sicherlich

$$|\dot{A}| \ll |A|\,\omega \quad \text{und} \quad |\ddot{A}| \ll |A|\,\omega^2 \ .$$

Daher können die Ableitungen

$$\dot{U} = \dot{A}\cos\omega t - \omega A\sin\omega t$$

$$\ddot{U} = \ddot{A}\cos\omega t - 2\omega\dot{A}\sin\omega t - \omega^2 A\cos\omega t$$

vereinfacht werden zu

$$\dot{U} \doteq -\omega A\sin\omega t$$

$$\ddot{U} \doteq -2\omega\dot{A}\sin\omega t - \omega^2 A\cos\omega t \ ,$$

ohne daß eine wesentliche Ungenauigkeit eingeschleppt wird. Ist man
nur an dem asymptotischen Verhalten des Oszillators interessiert, so
kann man hier bereits $\dot{A} = 0$ setzen, und damit die folgende Rechnung
verkürzen. Da wir am Einschwingverhalten interessiert sind, verwenden
wir diese vereinfachten Ausdrücke für $\dot{U}$ und $\ddot{U}$ mit $\dot{A} \neq 0$ und
setzen sie in die Differentialgleichung ein. Es ergibt sich

---

*) Allgemein $U = A(t)\cos\omega t + B(t)\sin\omega t$. Wegen der fehlenden expliziten Zeitabhängigkeit in (1) braucht die Phase und damit der sinus – Term nicht berücksichtigt zu werden.

$$(2) \qquad -LC2\,\omega\,\dot{A}\sin\omega t - LC\,\omega^2\,A\cos\omega t - RC\,\omega\,A\sin\omega t + A\cos\omega t =$$

$$-SC\,\omega\,A\sin\omega t \cdot \exp(-A^2\cos^2\omega t) \; .$$

Diese Gleichung ist von der Form

$$\alpha(t)\sin\omega t + \beta(t)\cos\omega t = f(\sin\omega t, \cos\omega t)$$

mit einer nichtlinearen Funktion $f$ auf der rechten Seite.

Die Konstruktion einer Näherung geschieht in der folgenden Weise: Die rechte Seite $f$ wird in eine Fourierreihe entwickelt,

$$f = a_1\sin\omega t + a_2\sin2\omega t + a_3\sin3\omega t + \cdots$$

(cos - Terme entfallen, da $f$ ungerade ist). Nach Vernachlässigung der Oberschwingungen wird $f$ ersetzt durch $\tilde{f}$ ,

$$f \approx \tilde{f} = \tilde{a}_1\sin\omega t \; .$$

Durch anschließenden Vergleich der Sinus-Terme wird eine Differential-gleichung gewonnen, welche die Amplitude näherungsweise beschreibt.

Nun die Ausführung dieses "Programmes": Mit Hilfe der Potenzreihe der Exponentialfunktion erhält man

$$f = -SC\,\omega\,A\sin\omega t \cdot (1 - A^2\cos^2\omega t + \tfrac{1}{2}\,A^4\cos^4\omega t \mp \cdots) \; .$$

Bei kleinen Amplituden $A$ nehmen die Terme der Reihe rasch ab. Für den zweiten Term dieser Reihe formen wir um:

$$\begin{aligned}
\sin\omega t\cos^2\omega t &= \sin\omega t - \sin^3\omega t \\
&= \sin\omega t - \tfrac{1}{4}(3\sin\omega t - \sin3\omega t) \\
&= \tfrac{1}{4}\sin\omega t + \tfrac{1}{4}\sin3\omega t \; .
\end{aligned}$$

Damit lautet die Reihe für $f$

$$f = -SC\,\omega\,A\sin\omega t + SC\,\omega\,A^3\tfrac{1}{4}\sin\omega t + SC\,\omega\,A^3\tfrac{1}{4}\sin3\omega t + A^5 \cdot (.....) \; .$$

Für $A^2 \ll 1$ leistet der letzte $(A^5)$ - Term keinen wesentlichen Bei-trag, man kann ihn ohne weiteres Kopfzerbrechen vernachlässigen. Gra-vierender könnte sich auswirken, daß wir auch den Oberschwingungsterm $A^3\sin3\omega t$ streichen. Es wird später zu prüfen sein, wie sich diese Vernachlässigung auswirkt. Zunächst setzen wir also für die rechte Seite der Gleichung (2) den Ausdruck

$$\tilde{f} = -SC\,\omega\,A\sin\omega t + SC\,\omega\,A^3\tfrac{1}{4}\sin\omega t \ .$$

Die so erhaltene Beziehung ist von der Form

$$a(t)\sin\omega t + b(t)\cos\omega t = 0 \ , \quad \text{mit}$$

$$a(t) = -LC2\,\omega\,\dot{A} - RC\,\omega\,A + SC\,\omega\,A - SC\,\omega\tfrac{1}{4}A^3$$

$$b(t) = -LC\,\omega^2\,A + A \ .$$

Da diese Gleichung für alle Zeiten $t$ gilt, muß für die niederfrequenten Faktoren $a$ und $b$

$$a \equiv b \equiv 0$$

gelten. Aus $a \equiv 0$ gewinnt man die Differentialgleichung für die Amplitude

$$\dot{A} = \frac{S-R}{2L}\,A - \frac{S}{8L}\,A^3 \ ,$$

aus $b \equiv 0$ die Frequenz des Schwingkreises

$$\omega = \frac{1}{\sqrt{LC}} \ .$$

Die Differentialgleichung 1. Ordnung für $A$ ist eine Bernoulli‑Differentialgleichung, hier hilft (Trennung der Variablen oder) die Substitution

$$A = z^{-1/2}$$

weiter. Differenzieren dieser Relation nach $t$ und Einsetzen liefert eine lineare Differentialgleichung für $z$ ,

$$\dot{z} + \frac{S-R}{L}\,z = \frac{S}{4L} \ .$$

Die Lösung der homogenen Differentialgleichung ist

$$\eta(t) = D \exp\left(-\frac{S-R}{L}\,t\right) \ .$$

Variation der Konstanten mit dem Ansatz

$$z(t) = v(t) \exp\left(-\frac{S-R}{L}\,t\right)$$

ergibt nach Differenzieren und Einsetzen $(S \neq R)$

$$v(t) = \frac{S}{4(S - R)} \exp\left(\frac{S - R}{L} t\right) + D \; ,$$

also als Lösung der Hilfsdifferentialgleichung

$$z(t) = \frac{S}{4(S - R)} + D \exp\left(-\frac{S - R}{L} t\right) \; .$$

Nach Rücksubstitution erhält man für die Amplitude

$$A(t) = \left(\frac{S}{4(S - R)} + D \exp\left(-\frac{S - R}{L} t\right)\right)^{-1/2} \; .$$

Die Integrationskonstante $D$ hängt ab vom Anfangswert zur Zeit $t = 0$,

$$A_o = A(0) = \left(\frac{S}{4(S - R)} + D\right)^{-1/2} \; ,$$

es gilt also

$$D = \frac{1}{A_o^2} - \frac{S}{4(S - R)} \; .$$

Damit ist für den Fall $S \neq R$ die Lösung des Anfangswertproblems berechnet. Der Fall $S = R$ bleibt zu untersuchen, hier lautet die Differentialgleichung

$$\dot{A} = -\frac{S}{8L} A^3 \; .$$

Trennung der Variablen und Integration ergibt

$$\frac{1}{A^2} = \frac{S}{4L} t + D \; , \qquad D = \frac{1}{A_o^2} \; ,$$

also

$$A(t) = \left(\frac{S}{4L} t + \frac{1}{A_o^2}\right)^{-1/2} \; .$$

Hiermit ist die Differentialgleichung gelöst. Wir fassen die erhaltene Näherung für $U$ zusammen:

$$(3) \qquad U(t) = A(t) \cos \frac{1}{\sqrt{LC}} t \; , \text{ mit}$$

$$A(t) = \left[\frac{S}{4L} t + \frac{1}{A_o^2}\right]^{-1/2} \text{ für } S = R \; ,$$

$$A(t) = \left[\frac{S}{4(S - R)} + \left(\frac{1}{A_o^2} - \frac{S}{4(S - R)}\right) \exp\left(-\frac{S - R}{L} t\right)\right]^{-1/2} \text{ für } S \neq R.$$

Zur Vereinfachung schreiben wir das Gleichheitszeichen, auch wenn $U(t)$
nicht die exakte Lösung der Differentialgleichung (1) ist.

diese Näherung $U(t)$ charakterisiert einen Generator mit Kapazität C,
Induktivität L , Widerstand R und "Steilheit" $S \exp(-U^2)$ . Kapazität und Induktivität wirken sich nur auf die Frequenz aus, R und S
bestimmen das asymptotische Verhalten des Generators. Wenn, nach Ab-
lauf des Einschwingvorgangs, die Amplitude bei einem konstanten Wert
$\neq 0$ verharrt, dann schwingt der Sender stabil. Zu untersuchen ist also der Grenzwert

$$\lim_{t \to \infty} A(t)$$

für verschiedene Kombinationen von Widerstand R und Steilheit S .
Für S = R und für S < R verschwindet die Amplitude nach einiger
Zeit. Nur für S > R gilt

$$\lim_{t \to \infty} \exp\left(-\frac{S-R}{L} t\right) = 0$$

und deshalb

$$\lim_{t \to \infty} A(t) = \sqrt{\frac{4(S-R)}{S}} > 0 .$$

Demnach schwingt der Generator stabil nur für S > R .

Einige Zahlenbeispiele sollen das Generatorverhalten verdeutlichen.
Für die drei in der Aufgabe angegebenen Zahlenkombinationen lauten
die zugehörigen Schwingungen

$$\alpha) \quad U(t) = \frac{2 \cos 50t}{\sqrt{25-16 \exp(-t)}}$$

$$\beta) \quad U(t) = \frac{2 \cos 50t}{\sqrt{25+39 \exp(-t)}}$$

$$\gamma) \quad U(t) = \frac{2 \cos 50t}{\sqrt{-25+41 \exp(t)}} \quad .$$

Die Nullstellen der Schwingungen sind

$$t = \frac{\pi}{100} , \frac{3\pi}{100} , \frac{5\pi}{100} , \cdots .$$

Einige Zahlenwerte für die Amplitude (= Einhüllende) können der nach-
folgenden Tabelle entnommen werden:

| $|A|$ \ t | 0 | $\pi/4$ | $\pi/2$ | $\pi$ |
|---|---|---|---|---|
| $\alpha$) | 0.67 | 0.48 | 0.43 | 0.406 |
| $\beta$) | 0.25 | 0.31 | 0.35 | 0.387 |
| $\gamma$) | 0.50 | 0.25 | 0.15 | 0.066 |

Die Skizzen in Figur 1 zeigen in den Fällen $\alpha$) und $\beta$) das stabile
Schwingungsverhalten. Im Fall $\gamma$) läuft die Schwingung aus, hier waren R und S nicht "richtig" gewählt.

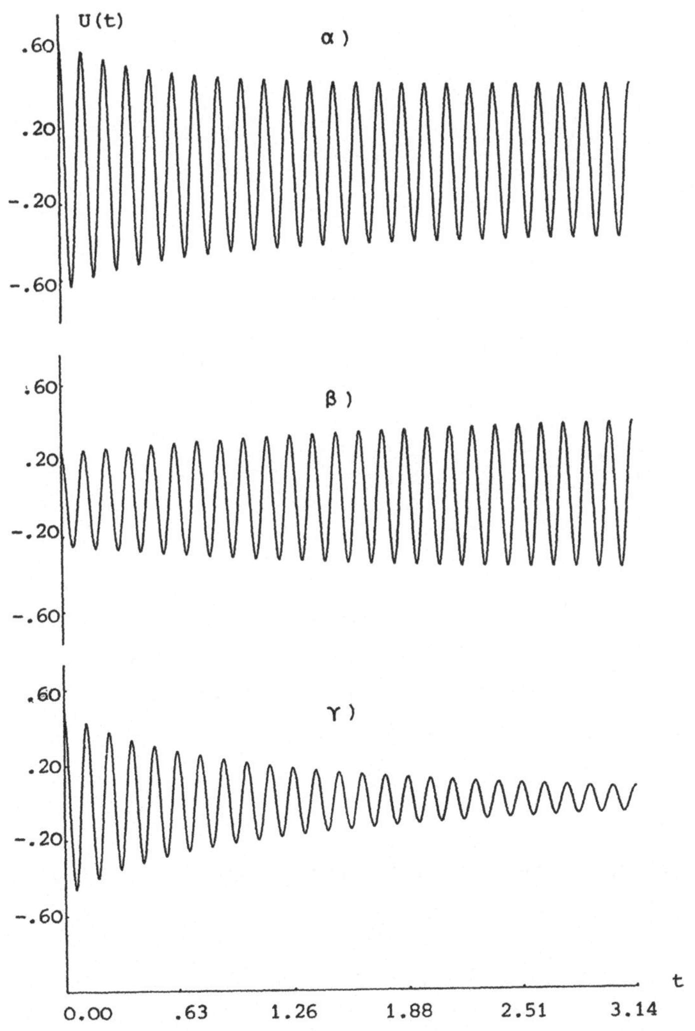


<u>Fig. 1</u>

Abschließend soll untersucht werden, wie gut die verwendete Näherungsmethode die "wirkliche" Lösung approximiert. Zu diesem Zweck wird
durch numerische Integration der Differentialgleichung (1) eine Lösung mit hoher Genauigkeit berechnet (Fall $(\alpha)$, Anfangswerte $U(0) = A_0$
$\dot{U}(0) = 0)$.

In der Figur 2 ist die Näherungslösung (3) als durchgezogene Kurve,
die Integration des Anfangswertproblemes als gestrichelte Kurve für
$0 \leq t \leq 0.2$ wiedergegeben. Ein Vergleich zeigt, daß die Näherungsmethode gute Resultate geliefert hat.

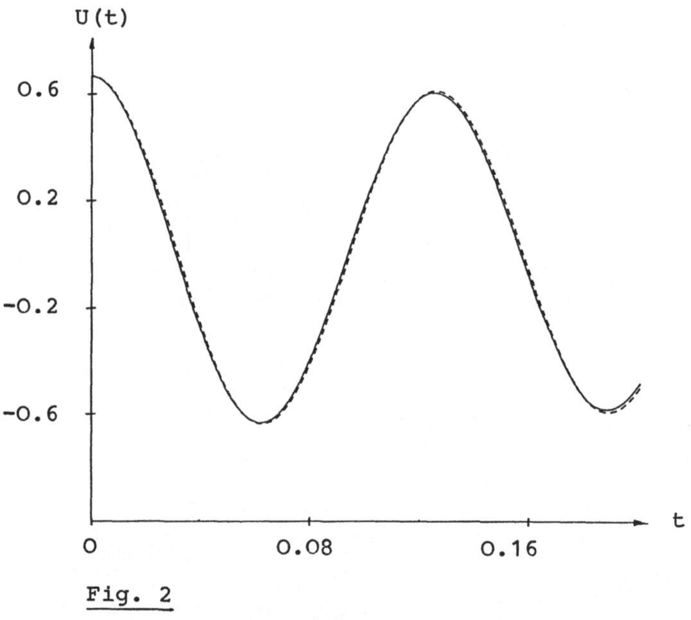


Fig. 2

Bei dem bisherigen Vorgehen wurde nach der Methode der langsam veränderlichen Amplitude eine Näherungslösung der Differentialgleichung (1)
berechnet. Die anschließend durchgeführten Überlegungen zur Stabilität
sollen nun mit anderen Methoden unter einem anderen Blickwinkel wiederholt werden.

*Aufgabe 2:*

Gegeben ist die Differentialgleichung des *selbsterregten Oszillators*

$$LC\ddot{U} + RC\dot{U} + U = SC\dot{U} \exp(-U^2) .$$

100

a) Man forme die Differentialgleichung um in ein System von Differentialgleichungen 1. Ordnung und ermittle eventuelle kritische
   Punkte.

b) Man untersuche mögliche kritische Punkte auf Stabilität und vergleiche das Resultat mit der vorigen Aufgabe.

Setzt man $V = \dot{U}$ , so erhält man wegen $\dot{V} = \ddot{U}$ das System von zwei Differentialgleichungen 1. Ordnung

$$\dot{U} = V$$
$$\dot{V} = \frac{S}{L} V \exp (-U^2) - \frac{R}{L} V - \frac{1}{LC} U \ .$$

Nur für $U = V = 0$ gilt $\dot{U} = \dot{V} = 0$ , d.h. einziger kritischer Punkt
des Systems ist

$$(U_s , V_s) = (0,0) \ .$$

Um das Lösungsverhalten in der Umgebung des kritischen Punktes zu studieren, wird das System linearisiert. Die partiellen Ableitungen der
zweiten Differentialgleichung nach $U$ und $V$ sind

$$\frac{S}{L}(-2U) \ V \exp (-U^2) - \frac{1}{LC}$$

und

$$\frac{S}{L} \exp (-U^2) - \frac{R}{L} \ .$$

Den kritischen Punkt eingesetzt, hat man

$$\begin{pmatrix} \dot{U} \\ \dot{V} \end{pmatrix} = \begin{pmatrix} 0 & 1 \\ -\frac{1}{LC} & \frac{S-R}{L} \end{pmatrix} \begin{pmatrix} U \\ V \end{pmatrix} + \text{Terme höherer Ordnung.}$$

Die Eigenwerte $\lambda_1 , \lambda_2$ der Matrix sind durch die quadratische Gleichung

$$0 = \lambda^2 - \frac{S-R}{L} \lambda + \frac{1}{LC}$$

bestimmt,

$$\lambda_{1,2} = \frac{1}{2} \left( \frac{S-R}{L} \pm \sqrt{\left(\frac{S-R}{L}\right)^2 - \frac{4}{LC}} \right) \ .$$

Das Vorzeichen der Diskriminante

$$d = \left(\frac{S-R}{L}\right)^2 - \frac{4}{LC}$$

zeigt, welcher Typ von kritischem Punkt vorliegt. Für  d > 0  sind
die Eigenwerte reell und verschieden. Wegen  L > 0, C > 0  gilt
$\sqrt{d}$ < |S-R| / L , $\lambda_1$  und  $\lambda_2$  haben also gleiches Vorzeichen. Im Fall
d > 0  ist  $(U_s, V_s)$  demnach ein Knoten.

Für  d < 0  und  S $\neq$ R  liegt ein Strudel vor ($\lambda_1, \lambda_2$ konjugiert komplex). Die entarteten Fälle  d = 0  (ausgearteter Knoten) und
d < 0, S = R  (Wirbel) lassen wir unberücksichtigt. Die Stabilität
hängt wiederum vom Vorzeichen von  S - R  ab:

$$(0,0) \quad \text{stabil für} \quad S < R \ ,$$
$$(0,0) \quad \text{instabil für} \quad S > R \ .$$

Vergleichen wir nun die Ergebnisse der beiden Vorgehensweisen bzw.
Aufgaben. Bei den gewählten Zahlenwerten  (d < 0)  liegen Strudel vor.
Auf den ersten Blick scheinen sich die Stabilitätsresultate zu wider-
sprechen. Um Klarheit zu gewinnen, zeichnen wir Phasendiagramme für
S > R  und S < R  in Figur 3 .

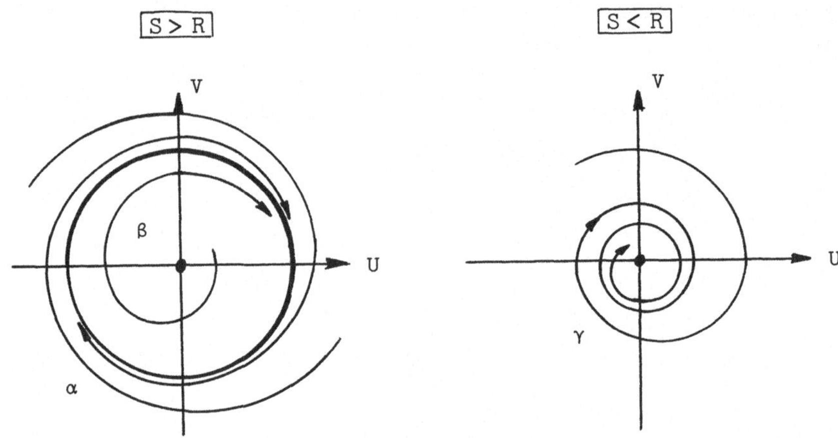


Fig. 3

Für  S > R  gibt es einen stabilen Grenzzykel und einen instabilen kritischen Punkt (0,0). Der Begriff der Stabilität bezog sich also einmal
auf den Grenzzykel, das andere Mal auf die Ruhelage. Die Resultate beider Aufgaben ergänzen sich. Im Fall S < R ist die Ruhelage (0,0) stabil, es gibt hier keinen stabilen Grenzzykel. Trajektorien, die den
3 Fällen α),β),γ) entsprechen, sind in Fig. 3 eingezeichnet.

*Literatur:*

K. Magnus: Schwingungen. Teubner, Stuttgart 1976

# Frequenzmodulation

Bei der Amplitudenmodulation (AM) wird die Amplitude eines Trägers
moduliert, Phase und Frequenz bleiben konstant. Die Frequenzmodulation (FM) dagegen hält die Amplitude konstant und variiert die Frequenz (bzw. die Phase), die Frequenz des Trägers schwankt im Takt der
Tonfrequenz. Ähnlich wie bei der Amplitudenmodulation treten auch bei
der Frequenzmodulation Seitenfrequenzen auf. Im FM - Fall sind die Amplituden der Seitenbänder durch Besselfunktionen bestimmt. Zur Einführung der Besselfunktionen und als Vorbereitung zur Berechnung der
Seitenfrequenzen dient die

*Aufgabe 1:*

> Man zeige:
>
> a) Der Ausdruck
>
> $$J_\mu(x) = \frac{1}{\pi} \int_0^\pi \sin(x \sin t) \, \sin \mu t \, dt$$
>
> verschwindet für gerades $\mu$ ;
>
> b) Der Ausdruck
>
> $$J_\mu(x) = \frac{1}{\pi} \int_0^\pi \cos(x \sin t) \, \cos \mu t \, dt$$
>
> verschwindet für ungerades $\mu$ .
>
> $J_\mu(x)$ : sogenannte *Besselfunktion* zum Index $\mu$ .

Zunächst wird das erste Integral mit Hilfe der Substitution $z = t - \frac{\pi}{2}$
umgeformt:

$$J_\mu(x) = \frac{1}{\pi} \int_{-\pi/2}^{\pi/2} \sin\left(x \sin\left(z + \frac{\pi}{2}\right)\right) \sin\left(\mu z + \frac{\mu\pi}{2}\right) dz \ .$$

Für gerade $\mu$, $\mu = 2m$ , erhält man mit Hilfe der Additionstheoreme

$$J_\mu(x) = \frac{1}{\pi} \int_{-\pi/2}^{\pi/2} \sin(x \cos z) \, \sin 2m z \, \cos m\pi \, dz$$

$$= \frac{1}{\pi} (-1)^m \int_{-\pi/2}^{\pi/2} \sin(x \cos z) \, \sin \mu z \, dz \ .$$

Der Integrand  $f(t) := \sin(x \cos t) \sin \mu t$  ist wegen

$$f(-t) = \sin(x \cos(-t)) \sin(-\mu t) = -f(t)$$

eine ungerade Funktion, demnach verschwindet für beliebige Integrationsgrenzen  $\alpha$  das Integral

$$\int_{-\alpha}^{\alpha} \sin(x \cos t) \sin \mu t \, dt = 0 \ .$$

Also gilt für geradzahlige  $\mu$

$$J_{\mu}(x) = 0 \ .$$

Das zweite Integral wird analog umgeformt,  $\mu$  ist hier ungerade, $\mu = 2m+1$:

$$\int_{0}^{\pi} \cos(x \sin t) \cos \mu t \, dt =$$

$$= \int_{-\pi/2}^{\pi/2} \cos\left(x \sin\left(z + \frac{\pi}{2}\right)\right) \cos\left(\mu z + \frac{\mu\pi}{2}\right) dz$$

$$= \int_{-\pi/2}^{\pi/2} \cos(x \cos z) \left(-\sin \mu z \, \sin(2m+1) \frac{\pi}{2}\right) dz$$

$$= -\sin(2m+1) \frac{\pi}{2} \cdot \int_{-\pi/2}^{\pi/2} \cos(x \cos z) \sin \mu z \, dz = 0 \ .$$

Das Integral verschwindet, da wiederum der Integrand eine ungerade Funktion ist.

Die Modulation der Frequenz läßt sich in eine Modulation der Phase überführen, diese zwei Arten von Modulation sind äquivalent. Mit der folgenden Aufgabe wird das bei einer derartigen Modulation entstehende Frequenzgemisch berechnet.

*Aufgabe 2:*

> Eine *frequenzmodulierte* Schwingung  ist (vereinfacht) gegeben durch
>
> (1)   $S(t) = \sin(Nt + \alpha \sin t)$ .

Es bezeichnen

> sin Nt : unmodulierte Senderwelle, N ganzzahlig
> sin t  : modulierende Schwingung
> $\alpha$ : Konstante (*Modulationsindex*).

Man zeige: Der Sender strahlt (theoretisch) alle Wellen der Frequenzen $N \pm \mu$, $\mu = 0,1,2,\ldots$, aus.

Anleitung: Additionstheorem bei (1), FOURIER-Entwicklung der Faktoren;
Additionstheoreme in "umgekehrter" Richtung;
man verwende die BESSEL-Funktionen aus Aufgabe 1.

Anwendung des Additionstheorems auf

$$S(t) = \sin(Nt + \alpha \sin t)$$

ergibt

$$S(t) = \sin Nt \cos(\alpha \sin t) + \cos Nt \sin(\alpha \sin t) \ .$$

Zunächst wird der Faktor $\cos(\alpha \sin t)$ in eine Fourierreihe mit Koeffizienten

$$a_\nu = \frac{2}{\pi} \int_0^\pi \cos(\alpha \sin t)\cos \nu t \, dt$$

$$b_\nu = \frac{2}{\pi} \int_0^\pi \cos(\alpha \sin t)\sin \nu t \, dt$$

entwickelt. Da $\cos(\alpha \sin t)$ eine gerade Funktion ist, gilt $b_\nu = 0$. In dem Ausdruck für $a_\nu$ erkennen wir die Besselfunktionen, es gilt

$$a_\nu = \begin{cases} 2J_\nu(\alpha) \ , & \text{falls} \ \nu \ \text{gerade} \\ 0 & , \ \text{falls} \ \nu \ \text{ungerade.} \end{cases}$$

Damit lautet die Fourier-Reihe

$$\cos(\alpha \sin t) = J_0(\alpha) + 2J_2(\alpha)\cos 2t + 2J_4(\alpha)\cos 4t + \ldots$$

Analog bestimmen sich die Koeffizienten der Fourier-Reihe der ungeraden Funktion $\sin(\alpha \sin t)$ :

$$a_\nu = 0$$

$$b_\nu = \begin{cases} 0 & , \quad \nu \text{ gerade} \\ 2J_\nu(\alpha) & , \quad \nu \text{ ungerade,} \end{cases}$$

also

$$\sin(\alpha \sin t) = 2J_1(\alpha)\sin t + 2J_3(\alpha)\sin 3t + \dots \;.$$

Setzt man die beiden Reihen zur Schwingung $S$ zusammen, so ergibt sich

$$S(t) = J_o \sin Nt + 2J_1 \cos Nt \, \sin t + 2J_2 \sin Nt \, \cos 2t$$
$$+ 2J_3 \cos Nt \, \sin 3t + 2J_4 \sin Nt \, \cos 4t + \dots \;.$$

Die einzelnen Produkte lassen sich aufspalten:

$$S(t) = J_o \sin Nt + J_1(\sin(1-N)t + \sin(N+1)t)$$
$$+ J_2(\sin(N-2)t + \sin(N+2)t) + J_3(\sin(3-N)t + \sin(N+3)t)$$
$$+ J_4(\sin(N-4)t + \sin(N+4)t) + \dots$$
$$= J_o \sin Nt + \sum_{i=1}^{\infty} J_i(\alpha)\left((-1)^i \sin(N-i)t + \sin(N+i)t\right) \;.$$

Die Interpretation dieses Ausdrucks zeigt, daß unendlich viele Frequenzen auftreten:

$$N \pm \mu \;, \quad \mu = 0,1,2\dots \;.$$

Eine frequenz- (oder phasen-) modulierte Schwingung ist also einem breiten Frequenzband gleichwertig. Während bei AM die Seitenbänder begrenzt sind, ist das FM-Frequenzband theoretisch unendlich breit. Die vorliegende Aufgabe beschränkt sich auf eine Tonfrequenz $\sin \omega t$ mit Frequenz $\omega = 1$ . Für eine allgemeinere Tonfrequenz $\omega$ treten die Frequenzen

$$N \pm \mu\omega \;, \quad \mu = 0,1,2,\dots$$

auf. Während sich bei dieser Sinus-Modulation die Frequenzen symmetrisch um die Trägerfrequenz verteilen, kann bei einem allgemeineren Frequenzgemisch die Symmetrie ebenso wie die "Lücken" zwischen den Frequenzen verloren gehen.

Für die praktische Anwendung der FM-Modulation ist von wesentlicher
Bedeutung, wie die zu den Seitenfrequenzen gehörenden Amplituden abnehmen. Der Sender – Kanalabstand bedingt eine Beschränkung der Bandbreite der Seitenfrequenzen, d.h. Frequenzen außerhalb dieser Bandbreite werden "abgeschnitten". Um zu sehen, wie sich diese Bandbrei-
tenbeschränkung auswirkt, müssen wir die Amplituden (also die Besselfunktionen) näher in Augenschein nehmen. Die Abnahme der Besselfunktionen sei an dem Zahlenbeispiel für $\alpha = 2.2$ in der folgenden
Tabelle demonstriert:

| $\nu$ | $J_\nu(2.2)$ |
|---|---|
| 0 | 0.11036.... |
| 1 | 0.55596.... |
| 2 | 0.39505.... |
| 3 | 0.16233.... |
| 4 | 0.047647... |
| 5 | 0.010937... |
| 6 | 0.002066... |
| 7 | 0.00033.... |
| 8 | 0.000046... |
| 9 | 0.0000057.. |

Es wird deutlich, daß die Besselfunktionen und damit die Amplituden
der Seitenfrequenzen sehr schnell abnehmen, vgl. die Figur.

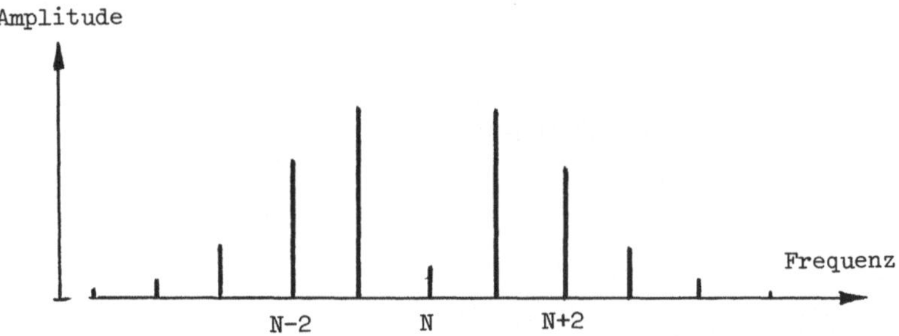


Diese starke Abnahme der Seitenfrequenzen ist wesentlich für die Über-
tragungsqualität: Das Abschneiden der äußersten Frequenzen aufgrund
der Beschränkung der Bandbreite des Senders wirkt sich praktisch nicht
negativ aus. Ein zusätzliches drastisches "Stutzen" der Bandbreite in
einem schlechten Empfänger verschlechtert die Wiedergabequalität. Eine reduzierte Bandbreite bedeutet das Ersetzen von $S(t)$ durch die
abgebrochene Reihe

$$J_o \sin Nt + \sum_{i=1}^{K} J_i(\alpha)\,((-1)^i \sin(N-i)t + \sin(N+i)t) \ ,$$

ein zu kleiner Wert von $K$ führt zu hörbaren Verzerrungen.

*Literatur:* Siehe Fallstudie Amplitudenmodulation.

# Verzerrungen in Verstärkern

In einem Verstärker wird eine Eingangsspannung $U_E$ verstärkt. Den Ausgangsstrom $J_A$ fassen wir als Funktion von $U_E$ auf,

$$J_A = F(U_E) \ .$$

Im idealen Fall, bei einer linearen Funktion $F(x) = ax + b$ , hätte $J_A$ exakt die gleiche Gestalt wie $U_E$ ,

$$J_A = aU_E + b \ .$$

Tatsächlich sind die Übertragungskennlinien eines Verstärkers mehr oder weniger nichtlinear. Die Abweichungen von der linearen Verstärkung äußern sich durch "Verzerrungen" im Ausgangssignal. In der ersten Aufgabe wollen wir die Verzerrungen berechnen für ein cos - förmiges Eingangssignal,

$$U_E = U_1 \cos \omega t \ .$$

Dabei betrachten wir zunächst den einfachen Fall, daß die Funktion $F$ bekannt ist, zum Beispiel

$$J = F(U_E) = K(U_O + U_E)^{1.5} \ .$$

Später, in den Aufgaben 2 und 3, wird die kompliziertere Situation behandelt, wenn kein $F$ angegeben werden kann.


*Aufgabe 1:*

Legt  man an das Steuergitter einer Elektronenröhre (*Pentode*) die Wechselspannung $U_1 \cos \omega t$ an, so ist der Anodenstrom $J$ gegeben durch

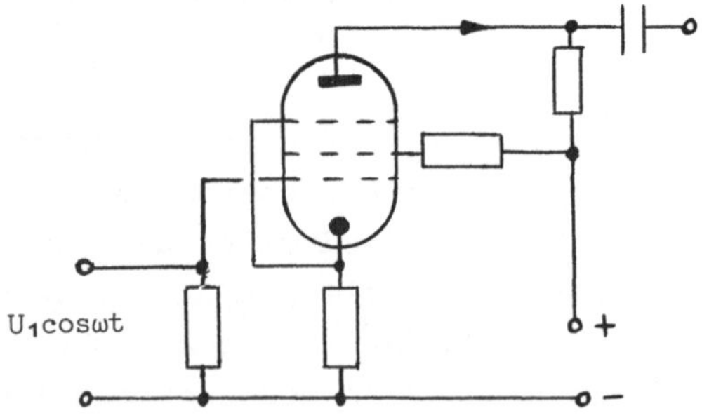


$$J(t) = K\left[U_0 + U_1 \cos \omega t\right]^{1.5} , \quad 0 < \frac{U_1}{U_0} < 1, \ K > 0, \ U_0 > 0,$$

$U_0, U_1$  und  $K$  sind Konstanten.

Im folgenden werden die durch die *nichtlineare Kennlinie* der Röhre
verursachten Verzerrungen in Form von harmonischen Oberschwingungen erkennbar.

a) Man entwickle $J(t)$ in eine nach Potenzen von $x = \cos\omega t$ fort-
schreitende Reihe $R$ .

b) Man leite aus $R$ (ohne Integration!) die FOURIER-Entwicklung
von $J(t)$ $(= J_0 + J_1\cos\omega t + J_2\cos 2\omega t + \ldots)$ her.

   Anleitung: $\cos^2\varphi = \dfrac{1 + \cos 2\varphi}{2}$ $,\ldots,$ Berücksichtigung von $\cos^4\varphi$
   genügt.

c) Für $K = 1\left[\dfrac{mA}{V^{1.5}}\right]$, $U_0 = 2[V]$, $U_1 = 1[V]$, $\omega = 1\left[\dfrac{1}{\sec}\right]$ skizziere man
   $J(t)$ , berechne den reinen Gleichstromanteil $J_0$ sowie die Am-
   plitude $J_1$ der Grundschwingung und die Amplitude $J_2$ der ersten Oberschwingung von $J(t)$ .

d) Sei $J(t) = K\left[U_0 + \dfrac{U_1}{2}(\cos\omega_1 t + \cos\omega_2 t)\right]^{1.5}$ , $\omega_1 \neq \omega_2$ .

   Man entwickle $J$ nach Potenzen von $y = \cos\omega_1 t + \cos\omega_2 t$ und
   zeige, daß $J(t)$ Frequenzen der Form $(\omega_1 - \omega_2)$ bzw. $(\omega_1 + \omega_2)$
   enthält.

$U_0$ ist die Gittervorspannung, $U_0 + U_1\cos\omega t$ die eigentliche Git-
terspannung. Charakteristisch für die Funktion $J$ ist der Graph
von Figur 1.

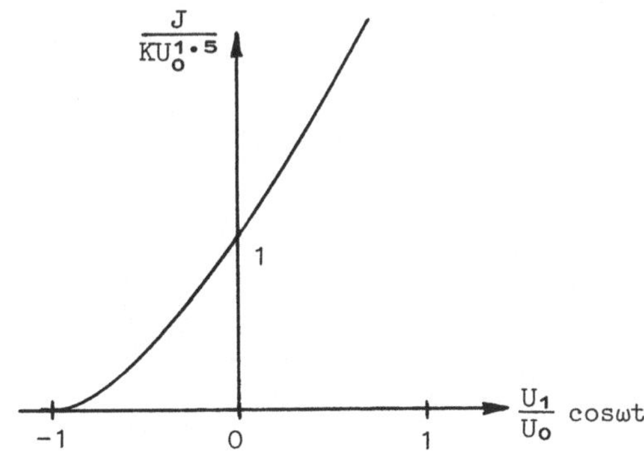

Fig. 1

Mit  $x = \cos \omega t$  ergibt die Taylorentwicklung der Funktion

$$J(t) = KU_o^{3/2}\left[1 + \frac{U_1}{U_0}x\right]^{3/2}$$

um  $x = 0$  die Reihe

$$J(t) = KU_o^{3/2}\left\{1 + \frac{3}{2}\frac{U_1}{U_0}x + \frac{3}{8}\left(\frac{U_1}{U_0}\right)^2 x^2 - \frac{1}{16}\left(\frac{U_1}{U_0}\right)^3 x^3 \right.$$

$$\left. + \frac{3}{128}\left(\frac{U_1}{U_0}\right)^4 x^4 \cdots\right\} .$$

Nun werden die Potenzen von  $x$  umgeformt. Dazu dienen die Formeln

$$\cos^2 \omega t = \frac{1}{2}(1 + \cos 2\omega t)$$

$$\cos^3 \omega t = \frac{1}{4}(\cos 3\omega t + 3\cos \omega t)$$

$$\cos^4 \omega t = \frac{1}{8}(\cos 4\omega t + 4\cos 2\omega t + 3) \; ;$$

weitere Ausdrücke können mit der Formel von Moivre berechnet werden.
Nach Einsetzen dieser Ausdrücke in die Reihe für  $J$  erhält man

$$J(t) = KU_o^{3/2} \cdot \left\{\left[1 + \frac{3}{16}\left(\frac{U_1}{U_0}\right)^2 + \frac{9}{2^{10}}\left(\frac{U_1}{U_0}\right)^4 + \cdots\right]\right.$$

$$+ \left[\frac{3}{2}\frac{U_1}{U_0} - \frac{3}{2^6}\left(\frac{U_1}{U_0}\right)^3 - \cdots\right]\cos \omega t$$

$$+ \left[\frac{3}{2^4}\left(\frac{U_1}{U_0}\right)^2 + \frac{3}{2^8}\left(\frac{U_1}{U_0}\right)^4 + \cdots\right]\cos 2\omega t$$

$$+ \left[-\frac{1}{2^6}\left(\frac{U_1}{U_0}\right)^3 - \cdots\right]\cos 3\omega t$$

$$\left. + \left[\frac{3}{2^{10}}\left(\frac{U_1}{U_0}\right)^4 + \cdots\right]\cos 4\omega t + \cdots\right\} .$$

Damit ist die Fourierentwicklung berechnet. Die Ausdrücke in den ecki-
gen Klammern

$$J_0 = KU_o^{3/2}\left(1 + \frac{3}{16}\left(\frac{U_1}{U_0}\right)^2 + \cdots\right)$$

$$J_1 = KU_o^{3/2}\left(\frac{3}{2}\frac{U_1}{U_0} - \frac{3}{64}\left(\frac{U_1}{U_0}\right)^3 - \cdots\right)$$

$$J_2 = KU_o^{3/2}\left(\frac{3}{16}\left(\frac{U_1}{U_0}\right)^2 + \frac{3}{256}\left(\frac{U_1}{U_0}\right)^4 + \cdots\right)$$

$$\cdots\cdot$$

sind die Amplituden $J_0$  (Gleichstromanteil), $J_1$  (Grundschwingung)
und  $J_2, J_3, \ldots$ (Oberschwingungen).

Der Ausdruck

$$J_0 + J_1 \cos \omega t$$

gibt die verstärkte Eingangsspannung wieder. Die Summe der Oberschwingungen

$$J_2 \cos 2 \omega t + J_3 \cos 3 \omega t + \cdots$$

repräsentiert die durch die Nichtlinearität der Kennlinie bedingten Verzerrungen. Die Stärke der Verzerrungen hängt ab vom Verhältnis $U_1/U_0$ , sehr kleine Amplituden $U_1$ der Eingangsspannung bewirken eine schnelle Abnahme der Oberschwingungen. Dies war zu erwarten, denn "kleine" Abschnitte der Funktion $F$ können linear gut approximiert werden.

Nun ein Zahlenbeispiel: für die angegebenen speziellen Zahlenwerte ist der Anodenstrom gegeben durch

$$J(t) = (2 + \cos t)^{3/2} .$$

Die Amplituden sind:

$$J_0 = 2^{3/2} \left( 1 + \frac{3}{2^6} + \frac{9}{2^{14}} + \cdots \right) \approx 2.96 \text{ mA}$$

$$J_1 = 2^{3/2} \left( \frac{3}{4} - \frac{3}{2^9} - \cdots \right) \approx 2.10 \text{ mA}$$

$$J_2 = 2^{3/2} \left( \frac{3}{2^6} + \frac{3}{2^{12}} + \cdots \right) \approx 0.13 \text{ mA} .$$

In der Figur 2 sind die Originalschwingung $J_0 + J_1 \cos t$ sowie zum Vergleich die verzerrte Schwingung gezeichnet.

Eine Kenngröße, welche den Oberwellengehalt und damit die Verzerrungen beschreibt, ist der *Klirrfaktor*

$$k = \sqrt{\frac{J_2^2 + J_3^2 + \cdots}{J_1^2 + J_2^2 + J_3^2 + \cdots}} \; .$$

Für den speziellen Klirrfaktor

$$k_2 = \sqrt{\frac{J_2^2}{J_1^2 + J_2^2}}$$

gilt bei stark abfallenden Oberschwingungen $(|J_2| \gg |J_3| \gg \cdots)$ $k \approx k_2.$

Die hier gewählten Zahlenwerte ergeben den Wert

$$k_2 = 0.062 \quad \text{oder} \quad k_2 = 6.2 \ \% \ .$$

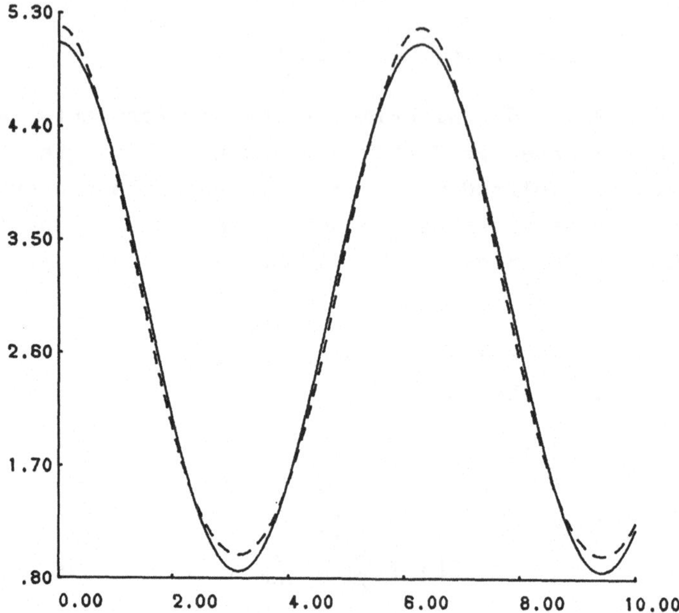

<u>Fig. 2</u>    Originalschwingung (———)
und verzerrte Schwingung (-----)

Eine weitere charakteristische Größe zur Beschreibung der Nichtlinearität ist die *Intermodulation*. Zwei Signale verschiedener Frequenz,

$$\frac{U_1}{2} \cos \omega_1 t \quad \text{und} \quad \frac{U_1}{2} \cos \omega_2 t$$

werden in den Verstärker eingegeben:

$$J(t) = KU_0^{3/2} \left[ 1 + \frac{U_1}{2U_0} (\cos \omega_1 t + \cos \omega_2 t) \right]^{1.5} .$$

Mit $y = \cos \omega_1 t + \cos \omega_2 t$ und der gleichen Entwicklung wie oben gilt:

$$J(t) = KU_0^{3/2} \left\{ 1 + \frac{3}{2} \frac{U_1}{2U_0} y + \frac{3}{8} \left( \frac{U_1}{2U_0} \right)^2 y^2 \mp \cdots \right\} .$$

Durch Umformungen zeigt sich, daß im Term $y^2$ die Frequenzen $\omega_1 + \omega_2$ und $\omega_1 - \omega_2$ auftreten:

$$y^2 = \cos^2\omega_1 t + 2\cos\omega_1 t \, \cos\omega_2 t + \cos^2\omega_2 t$$

$$= \cos^2\omega_1 t + \cos(\omega_1 - \omega_2)t + \cos(\omega_1 + \omega_2)t + \cos^2\omega_2 t \, .$$

Weitere Seitenfrequenzen treten durch die Terme $y^3, y^4, \ldots$ hinzu, bei $y^3$ beispielsweise die Frequenz $2\omega_1 - \omega_2$ . Es treten also nicht nur die Oberwellen zu den beiden Frequenzen $\omega_1$ und $\omega_2$ auf, sondern auch Mischprodukte. Dieser Sachverhalt wird als Intermodulation bezeichnet. Zur Messung der Intermodulation seien etwa $\omega_1 = 19$ kHz, $\omega_2 = 20$ kHz als einzugebende Frequenzen gewählt. Die Stärke der 1 kHz-Schwingung am Ausgang läßt dann Rückschlüsse auf die Auswirkungen der Nichtlinearität zu.

Bei komplizierten Netzwerken sind oft mehrere Verstärkerstufen mit weiteren elektronischen Elementen zusammengeschaltet, z.B. bei HIFI-Verstärkern. Bei solchen Netzwerken kann eine Übertragungsfunktion F kaum berechnet werden. Hier geht man häufig so vor: Man gibt an den Eingang einen Rechteckimpuls $g(t)$ bestimmter Frequenz (100 Hz, 1 kHz, 10 kHz) und vergleicht das Ausgangssignal $f(t)$ mit dem Eingangssignal:

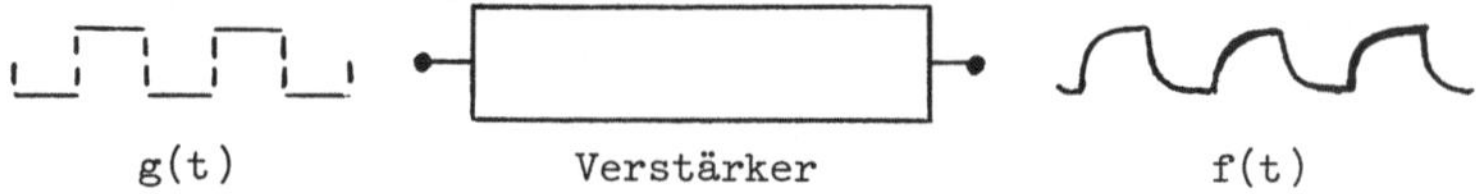



"Schlechte" Verstärker geben sich durch Verfälschung des Eingangssignals zu erkennen. Im folgenden wird untersucht, wie die Verfälschung physikalisch-technisch zu erklären ist. Allgemein kann ein solches Ausgangssignal $f$ durch die Beziehung (1) in der folgenden Aufgabe dargestellt werden.

*Aufgabe 2:*

> Es sei $\eta(t)$ eine auf $0 < t < \pi$ definierte, stetige, aber sonst beliebige Funktion. Wir definieren eine $2\pi$-periodische Funktion $f(t)$ durch:
>
> $$(1) \qquad f(t) = \begin{cases} -\eta(t+\pi) \, , & -\pi < t < 0 \\ \eta(t) \, , & 0 < t < \pi \end{cases}$$
>
> und $f(t) = f(t + 2\pi)$ .

a) Für die Spezialfälle

$$\eta_1 = \frac{t(2\pi - t)}{\pi^2} \; ; \quad \eta_2 = 1 + e^{-3} - 2e^{-\frac{3t}{\pi}} \; ; \quad \eta_3 = 1 - \frac{t}{10}$$

fertige man jeweils eine sorgfältige Skizze von $f(t)$ für $-3\pi < t < 3\pi$ an.

b) Man zeige: Die Fourier-Entwicklung von $f(t)$ aus Gleichung (1) enthält nur "ungeradzahlige" Oberschwingungen, d.h. es ist

$$a_0 = a_2 = \cdots = 0; \quad b_2 = b_4 = \cdots = 0 .$$

c) Ist $\eta(t)$ in $0 < t < \pi$ hinreichend oft differenzierbar und existieren die rechtsseitigen Grenzwerte $\eta^{(k)}(0^+)$ und linksseitigen Grenzwerte $\eta^{(k)}(\pi^-)$ , dann sind die (ungeradzahligen) Fourier-Koeffizienten gegeben durch

$$a_\nu = -\frac{2}{\pi} \sum_{k=o}^{1} (-1)^k \frac{\eta^{(2k+1)}(0^+) + \eta^{(2k+1)}(\pi^-)}{\nu^{2k+2}} + \frac{1}{\nu^5} A_\nu$$

$$b_\nu = \frac{2}{\pi} \sum_{k=o}^{1} (-1)^k \frac{\eta^{(2k)}(0^+) + \eta^{(2k)}(\pi^-)}{\nu^{2k+1}} + \frac{1}{\nu^4} B_\nu .$$

Hinweis zu c) : partielle Integration.

d) Man berechne die Fourier-Koeffizienten für $f(t)$ mit

$$\eta(t) = 1 - \alpha t .$$

Zur Illustration möglicher Arten von Ausgangssignalen zeichnen wir zunächst drei Beispiele. Für den Spezialfall $\eta_1$ besteht $f$ aus Parabelstücken (Fig. 3).

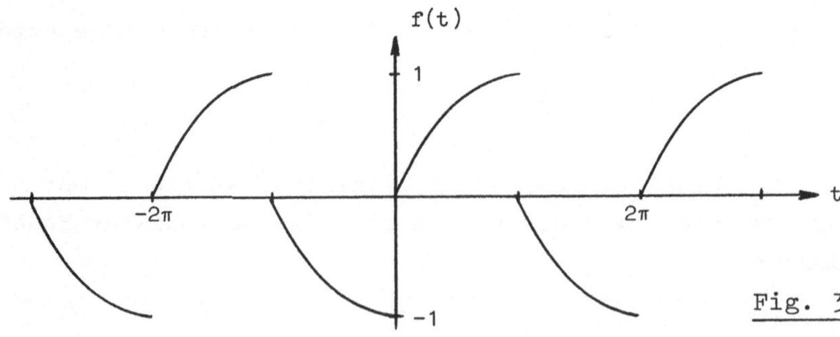


Fig. 3

Die linke Flanke des ursprünglichen Rechtecksignals ist "verschmiert",
aber noch unstetig. Bei dem zweiten Beispiel  $n_2$  ist die Verschmierung noch stärker, das resultierende Ausgangssignal  f  ist hier
sogar stetig (Fig. 4).

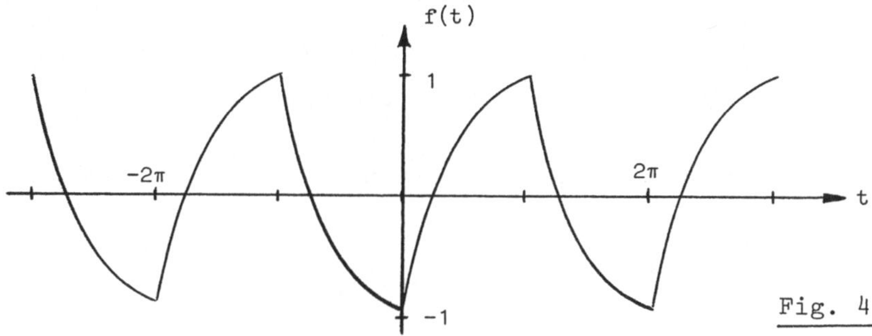


Fig. 4

Im dritten Beispiel ist das "Dach" der Rechteckschwingung abfallend
(Fig. 5).

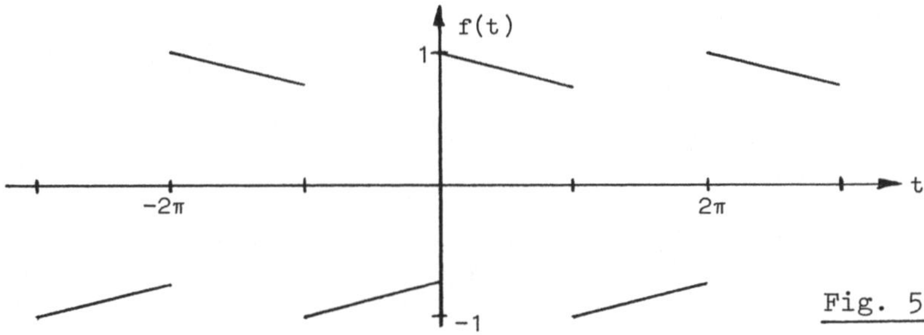


Fig. 5

In der Formel für die Koeffizienten  $a_\nu$

$$a_\nu = \frac{1}{\pi} \int_{-\pi}^{\pi} f(t)\,\cos\nu t\,dt$$

wird das Integral entsprechend der Definitionsvorschrift von  f(t)
aufgespalten:

$$a_\nu = \frac{1}{\pi} \int_{-\pi}^{0} (-\eta(t+\pi))\cos\nu t\,dt + \frac{1}{\pi} \int_{0}^{\pi} \eta(t)\cos\nu t\,dt\;.$$

Mit der Substitution  $\tau = t + \pi$  ergibt sich

$$a_\nu = \frac{1}{\pi} \int_{0}^{\pi} (-\eta(\tau))\cos(\nu\tau - \nu\pi)\,d\tau + \frac{1}{\pi} \int_{0}^{\pi} \eta(t)\cos\nu t\,dt\;.$$

Wegen

$$\cos(\nu\tau - \nu\pi) = \begin{cases} \cos \nu t \,, & \nu \text{ gerade} \\ -\cos \nu t \,, & \nu \text{ ungerade} \end{cases}$$

gilt

$$a_\nu = \begin{cases} 0 \,, & \nu \text{ gerade} \\ \frac{2}{\pi} \int\limits_0^\pi \eta(t)\cos\nu t \, dt \,, & \nu \text{ ungerade.} \end{cases}$$

Analog erhält man für die Koeffizienten $b_\nu$ :

$$b_\nu = \frac{1}{\pi} \int\limits_{-\pi}^\pi f(t)\cos \nu t \, dt = \begin{cases} 0 \,, & \nu \text{ gerade} \\ \frac{2}{\pi} \int\limits_0^\pi \eta(t)\sin\nu t \, dt \,, & \nu \text{ ungerade.} \end{cases}$$

Zweimalige partielle Integration ergibt

$$a_\nu = \frac{2}{\pi} \left\{ 0 - \frac{1}{\nu} \int\limits_0^\pi \eta'(t)\sin\nu t \, dt \right\}$$

$$= \frac{2}{\pi} \left(-\frac{1}{\nu}\right) \left\{ \left(-\frac{1}{\nu}\right)(\eta'(\pi^-)\cos\nu\pi - \eta'(0^+)) + \frac{1}{\nu} \int\limits_0^\pi \eta''\cos\nu t \, dt \right\} \,,$$

Also wegen $\nu$ ungerade:

$$a_\nu = -\frac{2}{\pi} \frac{\eta'(\pi^-) + \eta'(0^+)}{\nu^2} - \frac{2}{\pi\nu^2} \int\limits_0^\pi \eta''(t)\cos\nu t \, dt \,.$$

Durch weitere zweimalige partielle Integration wird das verbliebene Integral umgeformt:

$$\int\limits_0^\pi \eta''(t)\cos\nu t \, dt = 0 - \frac{1}{\nu} \int\limits_0^\pi \eta^{(3)}(t)\sin\nu t \, dt =$$

$$= \left(-\frac{1}{\nu}\right) \left\{ -\frac{1}{\nu} \eta^{(3)}(t)\cos\nu t \, \Big|_0^\pi + \frac{1}{\nu} \int\limits_0^\pi \eta^{(4)}(t)\cos\nu t \, dt \right\} =$$

$$= -\frac{1}{\nu^2} \left( \eta^{(3)}(\pi^-) + \eta^{(3)}(0^+) \right) - \frac{1}{\nu^2} \int\limits_0^\pi \eta^{(4)}(t)\cos\nu t \, dt \,.$$

Setzt man diesen Prozeß fort, so erhält man nach einer weiteren partiellen Integration

$$\frac{1}{\nu^2} \int_0^\pi \eta^{(4)}(t)\cos\nu t\, dt = -\frac{1}{\nu^3} \int_0^\pi \eta^{(5)}(t)\sin\nu t\, dt \; .$$

Brechen wir an dieser Stelle die partiellen Integrationen ab und bezeichnen das restliche Integral mit $A_\nu$ , so können wir die Fourier-Koeffizienten wie folgt schreiben:

$$a_\nu = -\frac{2}{\pi}\,\frac{\eta'(\pi^-) + \eta'(0^+)}{\nu^2} + \frac{2}{\pi}\,\frac{\eta^{(3)}(\pi^-) + \eta^{(3)}(0^+)}{\nu^4} - \frac{2}{\pi}\,\frac{A_\nu}{\nu^5} \; .$$

Analog wie die Berechnung der Formel für die $a_\nu$ erfolgt auch die Herleitung für die Koeffizienten $b_\nu$ . Nach einer partiellen Integration erhält man

$$b_\nu = \frac{2}{\pi}\left\{ \frac{\eta(\pi^-) + \eta(0^+)}{\nu} + \frac{1}{\nu}\int_0^\pi \eta'(t)\cos\nu t\, dt\right\} \; ,$$

nach weiteren partiellen Integrationen ergibt sich

$$b_\nu = \frac{2}{\pi}\left\{ \frac{\eta(\pi^-) + \eta(0^+)}{\nu} - \frac{\eta''(\pi^-) + \eta''(0^+)}{\nu^3} + \frac{1}{\nu^4}\int_0^\pi \eta^{(4)}(t)\sin\nu t\, dt\right\}.$$

Kürzt man das verbleibende Integral mit $B_\nu$ ab, so hat man die verlangte Formel.

Für das spezielle Beispiel $\eta = 1 - \alpha t$ ("abfallendes Dach" mit Neigung $\alpha$) folgt aus den hergeleiteten Formeln sofort für ungerade $\nu$

$$a_\nu = \frac{4\alpha}{\pi\nu^2} \; , \quad b_\nu = \left(\frac{4}{\pi} - 2\alpha\right)\frac{1}{\nu} \; .$$

Die folgende Aufgabe versucht, aus der groben Gestalt von $f$ mit Hilfe der eben erhaltenen Resultate gewisse Rückschlüsse auf das Verhalten des Verstärkers zu ziehen.

*Aufgabe 3:*

Eine Rechteckschwingung $g(t)$ ,

$$g(t) = \begin{cases} -1, & -\pi < t < 0 \\ 1, & 0 < t < \pi \end{cases} ,$$

werde durch einen Verstärker ("Netzwerk") in eine Schwingung  $f(t)$
(Aufgabe 2) deformiert

$$g(t) \quad \bullet\!-\!\!\boxed{\phantom{XXXXX}}\!\!-\!\bullet \quad f(t) \ .$$

Man zeige:

a) Die "Verzerrungen" werden allein durch Phasendrehungen  $\varphi_\nu$  und
   unterschiedliche Verstärkungsfaktoren  $c_\nu$  für die einzelnen Frequenzen hervorgerufen. Für unstetige  $f$  gebe man einen Nähe-
   rungsausdruck für  $\tan\varphi_\nu$  und  $c_\nu$  an.

b) Ist das Ausgangssignal  $f(t)$  auf dem abgeschlossenen Intervall
   $-\pi \leq t \leq \pi$  "stetig" (bedeutet "Verschmierung" der Impulsflanken
   des Eingangssignals  $g(t)$) , so nehmen die Fourier-Koeffizienten
   von  $f(t)$  (mindestens) wie  $O\left(\frac{1}{\nu^2}\right)$  ab. Was bedeutet das für
   die Güte des Frequenzgangs des Verstärkers?

Aus Aufgabe 2 wissen wir, daß sich die verzerrte Schwingung durch ungeradzahlige Frequenzen darstellen läßt:

$$f(t) \; = \; a_1\cos t + a_3\cos 3t + a_5\cos 5t + \cdots$$
$$+ b_1\sin t + b_3\sin 3t + \cdots \ .$$

Da sich die cos- und sin- Terme gleicher Frequenz gemäß

$$a_\nu\cos\nu t + b_\nu\sin\nu t = \sqrt{a_\nu^2 + b_\nu^2}\ \sin(\nu t + \varphi_\nu) \ ;$$
$$\tan\varphi_\nu = \frac{a_\nu}{b_\nu}$$

zusammenfassen lassen, gilt

$$f(t) \; = \; \sum_{k=o}^{\infty} \sqrt{a_{2k+1}^2 + b_{2k+1}^2}\ \sin\left((2k+1)t + \arctan\frac{a_{2k+1}}{b_{2k+1}}\right) \ .$$

Die zum Vergleich benötigte Fourier- Entwicklung der Rechteckschwingung  $g(t)$  lautet (man rechne nach!):

$$g(t) \; = \; \sum_{k=o}^{\infty} \frac{4}{\pi(2k+1)}\ \sin(2k+1)t \ .$$

Die Rechteck-Eingabe kann demnach interpretiert werden als Eingabe von
unendlich vielen Schwingungen ansteigender Frequenz mit langsam fal-
lenden Amplituden

$$\frac{4}{\pi(2k+1)} \ .$$

Durch Vergleich der Amplituden von $g$ mit denen der verzerrten Schwingung $f$ erhält man für $\nu = 2k + 1$ die Verstärkungsfaktoren $c_\nu$ ,

$$c_\nu := \frac{\sqrt{a_\nu^2 + b_\nu^2}}{\frac{4}{\pi\nu}} = \frac{\pi\nu}{4}\ \sqrt{a_\nu^2 + b_\nu^2}\ .$$

Wir wollen hier annehmen, daß die Funktion $f$ die Unstetigkeit von $g$ "bewahrt" hat und die Koeffizienten $a_\nu$ und $b_\nu$ im wesentlichen durch

$$a_\nu \approx -\frac{2}{\pi}\ \frac{\eta'(\pi^-) + \eta'(0^+)}{\nu^2}$$

$$b_\nu \approx \frac{2}{\pi}\ \frac{\eta(\pi^-) + \eta(0^+)}{\nu}$$

bestimmt sind. Da die $a_\nu$ also schneller abnehmen als die $b_\nu$ , kann mit Hilfe von

$$\sqrt{1 + x} \approx 1 + \frac{x}{2}\quad \text{für kleine } |x|$$

eine Näherung für die Verstärkungsfaktoren $c_\nu$ gewonnen werden:

$$c_\nu = \frac{\pi\nu}{4}\ b_\nu\ \sqrt{1 + \frac{a_\nu^2}{b_\nu^2}}$$

$$\approx \frac{1}{2}\left(\eta(\pi^-) + \eta(0^+)\right)\left\{1 + \frac{1}{2\nu^2}\left(\frac{\eta'(\pi^-) + \eta'(0^+)}{\eta(\pi^-) + \eta(0^+)}\right)^2\right\}\ .$$

Für die *Phasendrehungen* gilt

$$\tan\varphi_\nu \approx -\frac{1}{\nu}\ \frac{\eta'(\pi^-) + \eta'(0^+)}{\eta(\pi^-) + \eta(0^+)}\ .$$

Deutung: Die Verzerrung wirkt sich so aus, daß die höheren Frequenzen gleichmäßig gedämpft werden ($c_\nu$ nahezu konstant) und die Phasendrehungen mit wachsendem $\nu$ schwächer werden. Da hier die Amplituden der Oberschwingungen von $f$ mit der gleichen Ordnung $1/\nu$ abnehmen wie die von $g$ , wollen wir den Verstärker unter "brauchbar" einstufen (es kann noch schlimmer kommen).

Bei dem Beispiel $\eta(t) = 1 - \alpha t$ gilt

$$\eta(\pi^-) + \eta(0^+) = 2 - \alpha\pi$$

$$\eta'(\pi^-) + \eta'(0^+) = -2\alpha\ ,$$

und somit

$$c_\nu \approx \left(1 - \frac{\alpha\pi}{2}\right)\left(1 + \frac{1}{2\nu^2} \frac{4\alpha^2}{(2 - \alpha\pi)^2}\right)$$

$$\tan \varphi_\nu \approx \frac{1}{\nu} \frac{\alpha}{1 - \frac{\alpha\pi}{2}} \ .$$

Je kleiner die "Dachneigung" $\alpha$ ist (Beispiel von Fig. 5), umso geringer wirken sich die Verzerrungen aus. Anschaulich ist das natürlich klar, aber dieses "Gefühlsmäßige" soll ja quantifiziert werden.

Ist $f(t)$ stetig, so gilt

$$\eta(0^+) + \eta(\pi^-) = \eta(0^-) + \eta(\pi^-) =$$

$$= -\eta(0^- + \pi) + \eta(\pi^-) = -\eta(\pi^-) + \eta(\pi^-) = 0 \ .$$

Der Ausdruck für die Koeffizienten $b_\nu$ beginnt nun mit dem Term

$$- \frac{2}{\pi} \frac{\eta''(\pi^-) + \eta''(0^+)}{\nu^3} \ .$$

Es sei angenommen, daß die Funktion $f$ nicht glatt ist, d.h. die $a_\nu$ und $b_\nu$ im wesentlichen durch

$$a_\nu \approx - \frac{2}{\pi} \frac{\eta'(\pi^-) + \eta'(0^+)}{\nu^2}$$

$$b_\nu \approx - \frac{2}{\pi} \frac{\eta''(\pi^-) + \eta''(0^+)}{\nu^3}$$

bestimmt sind. Bei diesen Verhältnissen nehmen die Koeffizienten $b_\nu$ schneller ab als die $a_\nu$ . Hier gilt demnach:

$$c_\nu = \frac{\pi\nu}{4} a_\nu \sqrt{1 + \frac{b_\nu^2}{a_\nu^2}} \approx$$

$$\approx \frac{\pi\nu}{4} a_\nu \left(1 + \frac{1}{2} \frac{b_\nu^2}{a_\nu^2}\right) \approx - \frac{1}{\nu} \frac{\eta'(\pi^-) + \eta'(0^+)}{2} \ .$$

Der Verstärkungsfaktor ist hier nicht mehr näherungsweise konstant, die höheren Frequenzen werden drastisch gedämpft. Die Koeffizienten von f nehmen also (mindestens) wie $1/\nu^2$ ab, während bei der ursprünglichen Rechtecksschwingung $g(t)$ die Koeffizienten nur wie $1/\nu$ abnehmen. Natürlich werden wir einen solchen Verstärker unter "mäßig" einordnen. Je glatter die Impulsflanken der Ausgangsspannung sind, umso stärker werden die höheren Frequenzen gedämpft. Aufgrund dieser qualitativen Überlegungen gibt uns das Rechteckverhalten eines Verstärkers Hinweise auf den Frequenzgang.

# Farbfernsehen

Aus den drei Primärfarben Rot, Grün und Blau können alle Mischfarben
durch additive Farbmischung erzeugt werden. Dieses Prinzip nutzten
die *Pointillisten*, eine Gruppe von Malern um Seurat (Ende des vorigen Jahrhunderts), wie folgt aus: Die Bilder wurden mosaikartig mit
sehr kleinen Farbpunkten aus wenigen Primärfarben bedeckt; erst im
Auge des Betrachters entsteht der Eindruck von Mischfarben. Auf dem
gleichen Prinzip beruht das Farbfernsehen: Der Bildschirm des Empfängers besteht aus vielen roten, grünen und blauen Phosphorscheibchen
oder Phosphorlinien (Schlitzmaskenröhre), die durch den Elektronen-
strahl zum Leuchten angeregt werden können.

Die drei Farbauszüge der Aufnahmekamera (rot, grün, blau) müssen so
kodiert werden, daß im Farb-Empfänger das Farbbild und im Schwarz-
Weiß-Empfänger ein entsprechendes Schwarz-Weiß-Bild erzeugt werden
kann. Diese *Kompatibilität* wird durch das NTSC-System (National Tele-
vision System Committee) gewährleistet. Hierbei werden die von der
Zeit  t  abhängigen Primärfarben  B(t), G(t)  und  R(t)  mit den Ge-
wichtungsfaktoren  0.11, 0.59, 0.3  zum *Leuchtdichtesignal*

$$Y(t) = 0.11\ B(t) + 0.59\ G(t) + 0.3\ R(t)$$

zusammengesetzt. Die verschiedenen Gewichte entsprechen der unter-
schiedlichen Empfindlichkeit des menschlichen Auges für diese Farben
B,G  und  R ; mit  Y(t)  hat man daher das Schwarz-Weiß-Signal gewonnen.

Es bleibt das Problem, die Farbart und die Farbsättigung zu verschlüs-
seln. Hierzu denkt man sich die Farben in einem Farbkreis (Figur 1)
angeordnet. Die Primärfarben gehen über die Mischfarben (purpur =
blau + rot, gelb = rot + grün, cyan = grün + blau) kontinuierlich inein-
ander über. Trägt man ein rechtwinkliges Koordinatenkreuz mit (Span-
nungs-) Achsen  U  und  V  mit Nullpunkt im Farbkreis-Mittelpunkt ein,
so läßt sich der Farbton durch den Winkel  α  beschreiben. Auch der
Radius des Kreises wird genutzt: er gibt die Farbsättigung an. So ist
für den Radius  0  die Farbe völlig entsättigt (weiß), für den vollen
Radius liegt dagegen 100% - ige Sättigung vor. Zwei Spannungen  U  und
V  bestimmen also eindeutig den Farbton (Winkel α) und die Farbsättigung (Vektorlänge $\sqrt{U^2 + V^2}$ ).

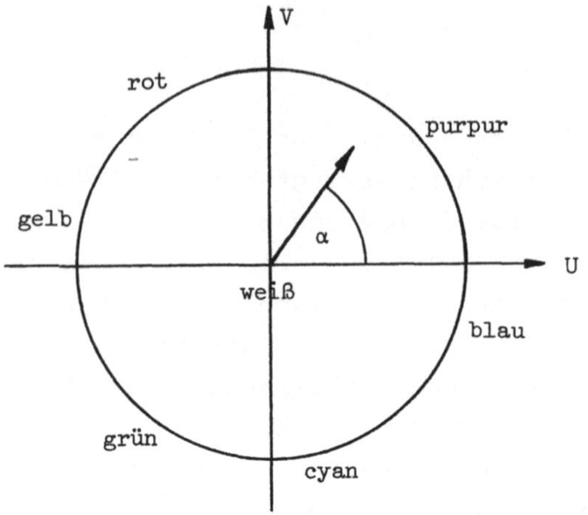


Fig. 1

Diese sogenannten *Farbdifferenzsignale*  U  und V  werden gebildet
aus

$$U(t) = 0.49(B(t) - Y(t))$$

$$V(t) = 0.88(R(t) - Y(t)) \ .$$

Die Faktoren  0.49  und  0.88  reduzieren die Amplitude, um Übermodu-
lationen bei starker Farbsättigung zu verhindern.

Die drei Größen  U,V  und  Y  enthalten die Farb- und Helligkeitsin-
formation vollständig. Die fehlende Spannung  G(t) - Y(t)  für die
dritte Primärfarbe berechnet sich wegen

$$0 = Y - Y = 0.3R + 0.59G + 0.11B - Y$$

$$= 0.3(R - Y) + 0.59(G - Y) + 0.11(B - Y)$$

aus der Beziehung

$$G - Y = - \frac{0.3}{0.59} (R - Y) - \frac{0.11}{0.59} (B - Y) \ .$$

Die Farbverschlüsselung können wir im folgenden Schema zusammenfassen:

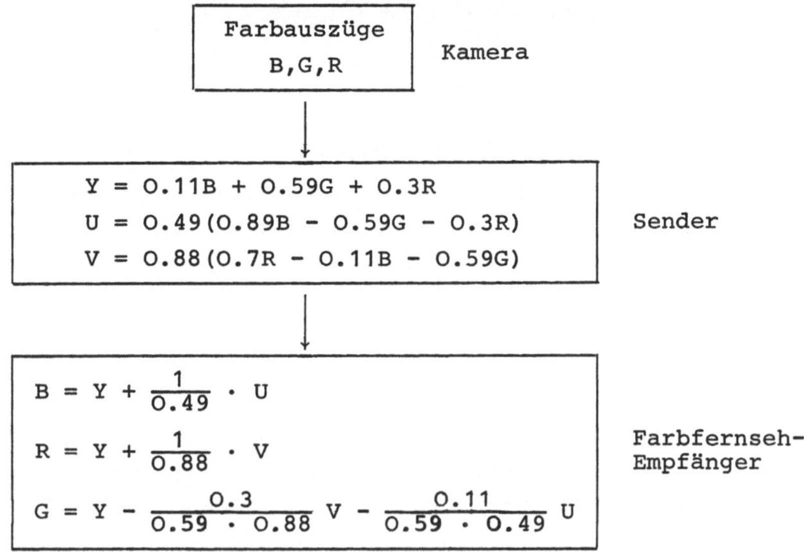


Es sei noch einmal darauf hingewiesen, daß diese "komplizierte" Ver-
schlüsselung wegen der Schwarz-Weiß-Kompatibilität notwendig ist; ein
Schwarz-Weiß-Empfänger benötigt nämlich genau das Y - Signal. Neben dem
Leuchtdichtesignal  Y  genügen zwei weitere Signale (U und V), um al-
le drei Farbsignale zurückzugewinnen. Übersichtlich lassen sich diese
Transformationen in Matrixschreibweise darstellen,

$$\begin{pmatrix} Y \\ U \\ V \end{pmatrix} = \begin{pmatrix} 0.11 & 0.59 & 0.3 \\ 0.436 & -0.289 & -0.147 \\ -0.0968 & -0.519 & 0.616 \end{pmatrix} \begin{pmatrix} B \\ G \\ R \end{pmatrix} ,$$

$$\begin{pmatrix} B \\ G \\ R \end{pmatrix} = \begin{pmatrix} 1 & 2.04 & 0 \\ 1 & -0.38 & -0.578 \\ 1 & 0 & 1.136 \end{pmatrix} \begin{pmatrix} Y \\ U \\ V \end{pmatrix} .$$

Die Matrizen sind zueinander invers (Elemente teilweise gerundet).

Zur hochfrequenten Übertragung werden die Farbdifferenzsignale  U  und
V  auf zwei Träger gleicher Frequenz, die um  $\frac{\pi}{2}$  phasenverschoben
sind, aufmoduliert (sin $2\pi\omega t$ ,cos $2\pi\omega t$) ; die Schwingungen werden addiert.

Diese Summe von Schwingungen gleicher Frequenz läßt sich zusammenfassen zur Schwingung

$$\varphi(t) = \sqrt{U^2(t) + V^2(t)}\, \sin(2\pi\omega t + \alpha)\ ,$$

$$\tan\alpha = \frac{V(t)}{U(t)}\ .$$

Man kann also das Farbsignal auffassen als _eine_ Schwingung, bei der
sowohl die Phase (Farbton) als auch die Amplitude (Farbsättigung)
veränderlich sind. Ähnlich wie beim Stereo-Rundfunk die hochfrequente Rauminformation zum Mono-Summensignal tritt, wird beim Farbfernsehen die Farbinformation zum Schwarz-Weiß-Signal $Y$ addiert. Es
entstehen jeweils Multiplexsignale, mit denen die Senderwelle moduliert wird.

Auch in der Wahl der Frequenz $\omega$ verbirgt sich Mathematik, wir wollen deshalb auf diese Frage eingehen. Die Frequenzspektren von Leuchtdichtesignal $Y$ und Farbsignalen $U,V$ haben wegen der Zeilenstruk-
tur des Fernsehbildes einen periodischen Charakter. Die Zeilen sind
ähnlich aufgebaut, vereinfacht stellen wir uns eine typische Zeile
als eine Schwingung $S_Z$ mit der Zeilenfrequenz $f_Z = 15625$ Hz als
Grundschwingung vor, also etwa

$$S_Z = a_1\cos(2\pi f_Z t) + a_2\cos(2\pi 2f_Z t) + a_3\cos(2\pi 3f_Z t) + \cdots$$

$(f_Z = 625 \cdot 25,\quad 625 = $ Anzahl der Zeilen,

$f_B = $ Bildfrequenz).

Die Veränderungen von Zeile zu Zeile kann man interpretieren als
Überlagerung einer Schwingung $S_B$ mit Grundfrequenz $f_B = 25$ ,

$$S_B = b_1\cos(2\pi f_B t) + b_2\cos(2\pi 2f_B t) + b_3\cos(2\pi 3f_B t) + \cdots .$$

Vereinfacht deuten wir das Leuchtdichtesignal $Y$ (ebenso wie auch
die Farbsignale $U$ und $V$) als Modulation der Amplitude des Zeilen-
signals $S_Z$ ,

$$Y(t) = S_B(t) \cdot S_Z(t)\ .$$

Dieses Produkt besteht aus der Summe von Produkten der Form

$$\cos(2\pi k f_Z t)\cos(2\pi \nu f_B t)\ .$$

Ein solcher Ausdruck kann umgeformt werden zu

$$\frac{1}{2}\cos 2\pi t(kf_z - \nu f_B) + \frac{1}{2}\cos 2\pi t(kf_z + \nu f_B)\ ,$$

d.h. das Y-Signal enthält die Frequenzen

$$kf_z \pm \nu f_B \qquad\qquad (k,\nu = 1,2,3,\ldots)\ .$$

Für  k = 1  sind dies die Frequenzen

$$15625 \pm \nu \cdot 25\ .$$

Aus dieser Überlegung folgt, daß  Y,U  und  V  annähernd "Balkenspektren" haben der Form, wie sie in Figur 2 aufgetragen ist. Die Bandbreite des Y-Signals umfaßt den Bereich O-5.5 MHz .

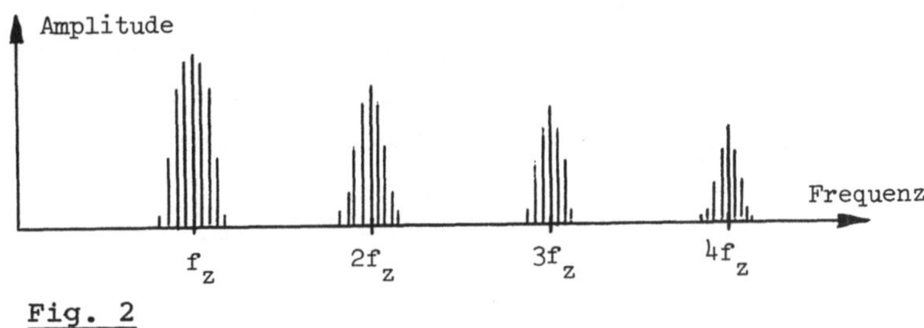


**Fig. 2**

Auch die Frequenzen des Farbsignals sind nach der Amplitudenmodulation der Träger  sin2πωt, cos2πωt  "balkenförmig" verteilt, mit Energiemaxima bei den Frequenzen  ω ± $kf_z$. Dies ist schematisch in Fig. 3 gezeichnet.

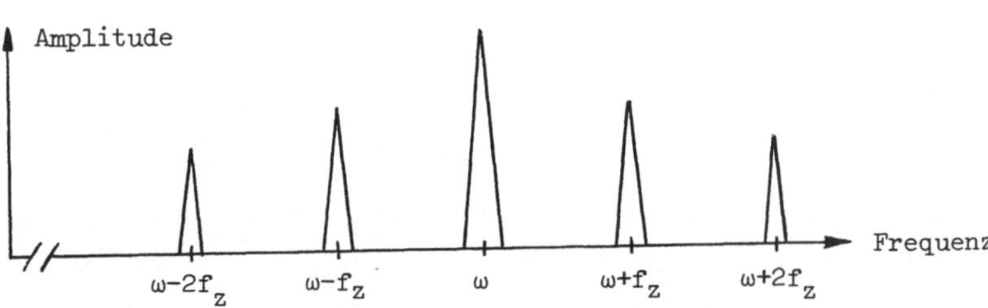


**Fig. 3**

Aus Gründen der Kompatibilität von SW-Empfängern und Farbempfängern
muß innerhalb der Bandbreite des Y-Schwarz-Weiß-Signals von 5.5 MHz
auch die Farbinformation untergebracht werden. Hierzu bieten sich die
relativ energiearmen Spektralzonen der "Lücken" zwischen den Viel-
fachen der Zeilenfrequenz $f_z$ an (vgl. Fig. 2). Die Frequenzen des
Farbsignals fallen genau in die Mitte der Lücken der Frequenzen des
SW-Signals, wenn man für die Trägerfrequenz $\omega$ ein ungeradzahliges
Vielfaches der halben Zeilenfrequenz wählt (NTSC-System):

$$\omega_{NTSC} = (2n-1)\,\frac{f_z}{2} = 567 \cdot \frac{15625}{2} = 4429687.5 \text{ Hz} .$$

Der Zahlenwert 567 schiebt die Farbinformation in den "oberen" Bereich des Frequenzbandes, wo die Y-Amplituden nur noch schwach sind.

Die Figur 4 zeigt das Prinzip: Unter Ausnutzung der Kammstruktur der
Spektren von $Y,U,V$ gelingt es, durch geeignete Wahl von $\omega$ die
Frequenzen von SW-Signal und Farbinformation weitgehend zu entkop-
peln. Beim PAL-System (eine Variante des NTSC-Systems) hat es sich
als sinnvoll gezeigt, $\omega$ aus der "Lücken-Mitte" herauszuschieben:

$$\omega = \omega_{NTSC} + 25 + \frac{f_z}{4} = 4433618.75 \text{ Hz} .$$

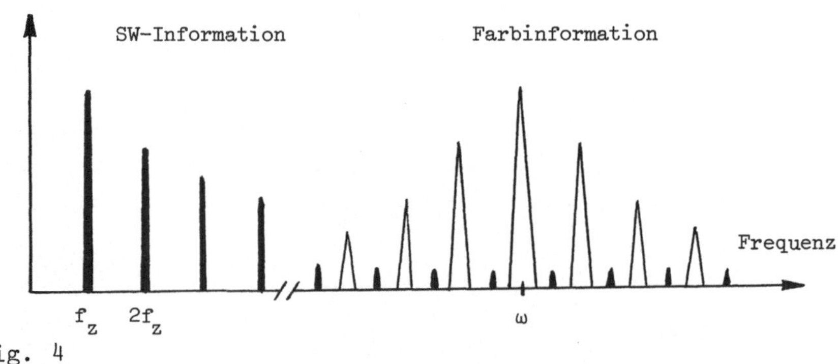


Fig. 4

Die folgende Aufgabe zeigt, daß Laufzeitverzögerungen auf dem Übertragungsweg Sender-Empfänger im Empfänger als Änderung des Farbtons
bei gleichbleibender Farbsättigung interpretiert werden.

*Aufgabe 1 (Grundlagen):*

<u>Erklärung</u>:

Es bezeichnen  B(t), G(t), R(t): Blau-, Grün-, Rot-Signal (Farbauszüge) der Aufnahmekamera, sin2πωt, cos2πωt: Trägerschwingungen mit
ω = 4 433 618.75 Hz.
Es werden gebildet

1) α) *Leuchtdichtesignal* (Schwarz-Weiß-Bild):
   $$Y(t) = 0.11\ B(t) + 0.59\ G(t) + 0.30\ R(t).$$
   β) *Farbdifferenzsignale:*
   $$U(t) = 0.49\ (B(t) - Y(t)),\ V(t) = 0.88\ (R(t) - Y(t)).$$

2) Mit den Farbdifferenzsignalen werden die zwei um $\frac{\pi}{2}$ phasenver-
   schobenen Trägerschwingungen amplitudenmoduliert und der Träger
   ausgesiebt (DSB-Modulation):

   $$U(t)\ \sin 2\pi\omega t \quad \text{und} \quad V(t)\ \cos 2\pi\omega t\ .$$

Damit werden gebildet:

3) α) *Farbartsignale:*

   $$\varphi(t) = U(t)\ \sin 2\pi\omega t + V(t)\ \cos 2\pi\omega t$$
   $$\psi(t) = U(t)\ \sin 2\pi\omega t - V(t)\ \cos 2\pi\omega t\ .$$

   β) *Multiplexsignal:*

   $$M(t) = \begin{cases} Y(t) + \varphi(t), & \nu - \text{te Bildzeile } (\nu \text{ ungerade}) \\ Y(t) + \psi(t), & (\nu + 1)\text{-te Bildzeile} \end{cases}$$
   $$(\text{PAL-Zeile, } \nu \text{ ungerade}).$$

   Mit  M(t)  wird die hochfrequente Senderwelle amplitudenmoduliert und das untere Seitenband (fast) ausgesiebt
   (ESB-Modulation).

4) Auf dem Übertragungsweg Sender-Empfänger können Laufzeitverzögerungen  τ  bei den Farbartsignalen auftreten: der Empfänger
   erhält aus dem Multiplexsignal nur die *gestörten* Signale

   $$\varphi_\tau(t) = \varphi(t - \tau),\ \psi_\tau(t) = \psi(t - \tau)$$

   zurück. Das verursacht Farbverfälschungen auf dem Bildschirm
   des Empfängers.

Hierbei können sich verändern:

α) der *Farbton* $\left(\text{definiert durch den Winkel tan } \alpha = \dfrac{V(t)}{U(t)}\right)$ ,

β) die *Farbsättigung* (definiert durch den Abstand zum Nullpunkt $\sqrt{U^2 + V^2}$) .

<u>Aufgabe</u>:

α) Unter den Annahmen $U(t-\tau) = U(t)$, $V(t-\tau) = V(t)$ zeige man:

Bei Bezugnahme auf die Trägerschwingungen der *Referenzträger* $\sin 2\pi\omega t$, $\cos 2\pi\omega t$ interpretiert der Empfänger den Laufzeitunterschied $\tau$ als veränderte Amplituden $U_1, V_1, U_2, V_2$ der Farbartsignale:

$$\varphi_\tau(t) = U_1(t,\tau)\sin 2\pi\omega t + V_1(t,\tau)\cos 2\pi\omega t$$
$$\psi_\tau(t) = U_2(t,\tau)\sin 2\pi\omega t - V_2(t,\tau)\cos 2\pi\omega t \ .$$

β) $U_1, V_1$ und $U_2, V_2$ entstehen aus $U, V$ durch Koordinatentransformation ("Drehung"). Man ermittle den Drehwinkel (Änderung des Farbtons).

γ) Man zeige:

$$\sqrt{U^2 + V^2} = \sqrt{U_1^2 + V_1^2} = \sqrt{U_2^2 + V_2^2}$$

(keine Abschwächung der Farbsättigung).

Im Vergleich mit der hochfrequenten Trägerschwingung sind die Farbinformationen $U(t)$ und $V(t)$ niederfrequenter. Die Störung $\tau$ wirkt sich beim Träger viel stärker aus als bei $U$ und $V$ . Dies drücken wir aus durch die Annahmen

$$U(t-\tau) = U(t), \quad V(t-\tau) = V(t) \ .$$

Mit Hilfe der Additionstheoreme der trigonometrischen Funktionen und nach Einführung der Abkürzung $\varepsilon = 2\pi\omega\tau$ erhält man

$$\begin{aligned}
\varphi_\tau(t) &= U(t)\sin(2\pi\omega t - 2\pi\omega\tau) + V(t)\cos(2\pi\omega t - 2\pi\omega\tau)\\
&= U(t)\sin 2\pi\omega t\cos\varepsilon - U(t)\cos 2\pi\omega t\sin\varepsilon\\
&\quad + V(t)\cos 2\pi\omega t\cos\varepsilon + V(t)\sin 2\pi\omega t\sin\varepsilon\\
&= [U(t)\cos\varepsilon + V(t)\sin\varepsilon]\sin 2\pi\omega t +\\
&\quad +[-U(t)\sin\varepsilon + V(t)\cos\varepsilon]\cos 2\pi\omega t\\
&= U_1(t,\tau)\sin 2\pi\omega t + V_1(t,\tau)\cos 2\pi\omega t \ .
\end{aligned}$$

Ganz analog berechnen wir

$$\begin{aligned}
\psi_\tau(t) &= U(t)\sin(2\pi\omega t - \varepsilon) - V(t)\cos(2\pi\omega t - \varepsilon)\\
&= [U(t)\cos\varepsilon - V(t)\sin\varepsilon]\sin 2\pi\omega t -\\
&\quad - [U(t)\sin\varepsilon + V(t)\cos\varepsilon]\cos 2\pi\omega t\\
&= U_2(t,\tau)\sin 2\pi\omega t - V_2(t,\tau)\cos 2\pi\omega t \ .
\end{aligned}$$

Damit sind die durch Laufzeitverzögerungen veränderten Amplituden der Farbartsignale ermittelt. Diese gestörten Amplituden lassen sich in Matrizenschreibweise wie folgt ausdrücken:

$$\begin{pmatrix} U_1 \\ V_1 \end{pmatrix} = \begin{pmatrix} \cos\varepsilon & \sin\varepsilon \\ -\sin\varepsilon & \cos\varepsilon \end{pmatrix} \begin{pmatrix} U \\ V \end{pmatrix} \qquad (\varphi - \text{Zeile}) \ ,$$

$$\begin{pmatrix} U_2 \\ V_2 \end{pmatrix} = \begin{pmatrix} \cos\varepsilon & -\sin\varepsilon \\ \sin\varepsilon & \cos\varepsilon \end{pmatrix} \begin{pmatrix} U \\ V \end{pmatrix} \qquad (\psi - \text{Zeile}) \ .$$

Wegen $\cos(\varepsilon) = \cos(-\varepsilon)$ und $-\sin\varepsilon = \sin(-\varepsilon)$ sind diese Transformationen Drehungen um die Winkel $-\varepsilon$ und $+\varepsilon$ . Da der Winkel den Farbton festlegt, interpretiert der Empfänger die Laufzeitverzögerungen als Farbverfälschungen. Wegen des negativen Vorzeichens von $V$ in der $\psi$ - Zeile verschieben sich die Farbtöne bei beiden Zeilen in der gleichen "Richtung". Das läßt sich wie folgt berechnen:

$$\begin{aligned}
\varphi_\tau &= \sqrt{U_1^2 + V_1^2} \cdot \left[ \frac{U_1}{\sqrt{U_1^2 + V_1^2}} \sin 2\pi\omega t + \frac{V_1}{\sqrt{U_1^2 + V_1^2}} \cos 2\pi\omega t \right]\\
&= \sqrt{U_1^2 + U_1^2} \, \sin(2\pi\omega t + \alpha - \varepsilon) \quad \text{mit} \quad \tan(\alpha - \varepsilon) = \frac{V_1}{U_1} \ ,
\end{aligned}$$

denn

$$\frac{V_1}{U_1} = \frac{-U\sin\varepsilon + V\cos\varepsilon}{U\cos\varepsilon + V\sin\varepsilon} = \frac{-\tan\varepsilon + \dfrac{V}{U}}{1 + \dfrac{V}{U}\tan\varepsilon} = \frac{\tan\alpha - \tan\varepsilon}{1 + \tan\alpha\tan\varepsilon} = \tan(\alpha - \varepsilon)$$

und analog

$$\psi_\tau = \sqrt{U_2^2 + V_2^2} \, \sin(2\pi\omega t - \alpha - \varepsilon) \ , \quad \tan(\alpha + \varepsilon) = \frac{V_2}{U_2} \ .$$

Graphisch sind diese Drehungen in Fig. 5 dargestellt.

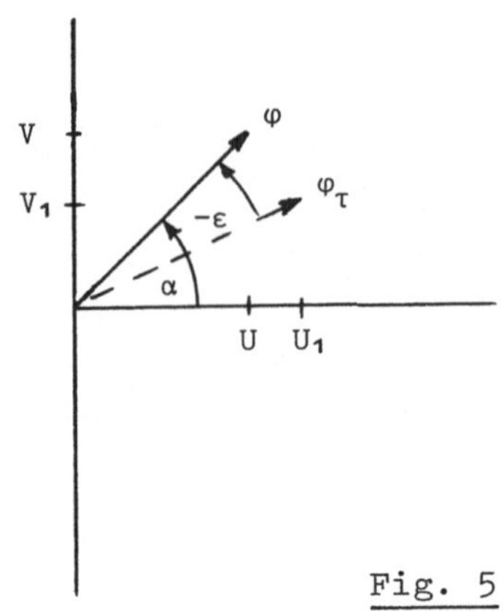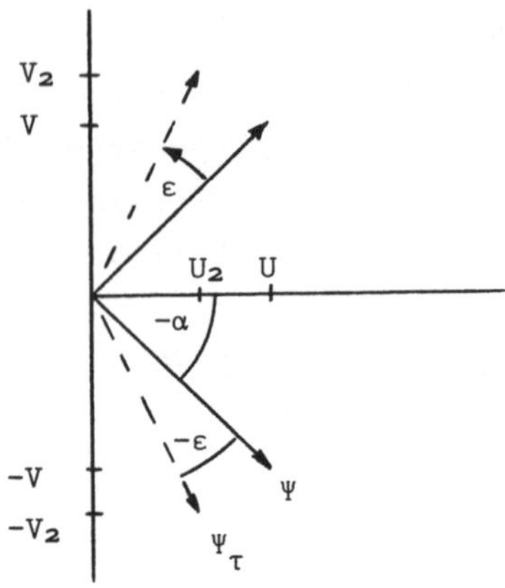


<u>Fig. 5</u>

Aus diesen Überlegungen folgt, daß bei der Drehung die Vektorlänge
(Farbsättigung) erhalten bleibt. Eine einfache Rechnung bestätigt
dies:

$$\left.\begin{array}{l} U_1^2 + V_1^2 \\[2mm] U_2^2 + V_2^2 \end{array}\right\} = \quad U^2\cos^2\varepsilon + V^2\sin^2\varepsilon \pm 2UV\sin\varepsilon\cos\varepsilon +$$

$$+ \; U^2\sin^2\varepsilon + V^2\cos^2\varepsilon \mp 2UV\sin\varepsilon\cos\varepsilon = U^2 + V^2 \; .$$

In der ersten Aufgabe wurde bereits eine von Zeile zu Zeile abwech-
selnde Polung der V‑Komponente erwähnt. Diese wechselnde V‑Polung
wird beim PAL‑Fernsehen (<u>P</u>hase <u>A</u>lternation <u>L</u>ine) vorteilhaft zur Ver-
ringerung des Farbfehlers ausgenutzt. Exemplarisch wird dies in der
folgenden zweiten Aufgabe an einer $\varphi$‑Zeile besprochen. Zur Erhaltung
des "richtigen" Farbtons wird zusätzlich zur aktuellen $\varphi$‑Zeile auch
die vorherlaufende $\psi$‑Zeile benötigt. Zur Speicherung wird diese "al-
te" $\psi$‑Information in der Vorzeile in eine Verzögerungsleitung gegeben, an deren Ende die $\psi$‑Information der letzten Zeile gleichzeitig
mit dem aktuellen $\varphi$‑Signal zur Verfügung steht.

*Aufgabe 2 (PAL‑Prinzip):*

Durch geeignete Schaltungen im Empfänger können die Farbartsignale
um die Dauer einer Bildzeile (64 µs) verzögert und transformiert
werden in

$$\psi_\tau(t) \longrightarrow \psi_\tau^*(t) \; ,$$

wo $\Psi_\tau^*(t) = U_2(t - 64\mu s, \tau)\sin 2\pi\omega t + V_2(t - 64\mu s, \tau)\cos 2\pi\omega t$ .

a) Man zeige: Unter den Annahmen

$$U_2(t,\tau) = U_2(t - 64\mu s, \tau), V_2(t,\tau) = V_2(t - 64\mu s, \tau)$$

(d.h. nur geringe Farbänderung von Zeile zu Zeile) erhält man durch Bildung von

$$\frac{1}{2}\,(\varphi_\tau(t) + \Psi_\tau^*(t))$$

das ungestörte Signal $\varphi(t)$ zurück mit lediglich um $\cos\varepsilon$ , $\varepsilon = 2\pi\omega\tau$ , abgeschwächter Farbamplitude.
(Umwandlung störender Farbtonfälschungen in kaum wahrnehmbare Farbabschwächungen).

b) Wie groß ist die Farbabschwächung (Entsättigung) bei $\varepsilon = 20^{\circ}$ (i. allg. größter in der Praxis vorkommender Laufzeitunterschied) ?

Die $V$ - Komponente des "alten" $\Psi_\tau$ - Signales der Vorzeile (aus der Verzögerungsleitung) wird also zurückgepolt, es ergibt sich $\Psi_\tau^*$ .

Wie bei der Lösung der Aufgabe 1 festgestellt wurde, hatten die Fehler von $\varphi_\tau$ und $\Psi_\tau$ die gleiche Richtung (vgl. Fig. 5). Durch das Zurückpolen von $V$ bei Bildung von $\Psi_\tau^*$ erhält der Fehler die entgegengesetzte Richtung. Bei Addition der Signale $\varphi_\tau$ und $\Psi_\tau^*$ mit ihren entgegengesetzten Fehlern heben sich die Farbfehler weitgehend auf:

$$\begin{aligned}
\varphi_\tau(t) + \Psi_\tau^*(t) &= [U_1(t,\tau) + U_2(t,\tau)]\sin 2\pi\omega t \\
&\quad + [V_1(t,\tau) + V_2(t,\tau)]\cos 2\pi\omega t \\
&= [2U(t)\cos\varepsilon]\sin 2\pi\omega t + [2V(t)\cos\varepsilon]\cos 2\pi\omega t \\
&= 2\cos\varepsilon \cdot \varphi(t) \ .
\end{aligned}$$

Demnach hat das Signal

$$\frac{1}{2}\,(\varphi_\tau(t) + \Psi_\tau^*(t)) = \cos\varepsilon\,\varphi(t),$$

unter den Voraussetzungen

$$U_2(t,\tau) = U_2(t - 64\mu s, \tau) \ , \quad V_2(t,\tau) = V_2(t - 64\mu s, \tau),$$

den gleichen Farbton $\alpha$ wie das gesendete Signal $\varphi(t)$ .

Lediglich die Amplitude (Farbsättigung) ist mit dem Faktor $\cos\varepsilon$
versehen, also abgeschwächt. Dies zeigt uns das Prinzip des PAL-
Systems:

Die Umpolung der V-Komponente vor und das Zurückpolen nach der Übertragung ermöglichen eine Verlagerung des Farbfehlers vom Farbton
weg (wo er sehr stört) hin zur Farbsättigung. Die Abschwächung der
Sättigung ist nur schwach (z.B. $\cos 20° = 0.94$), der Betrachter
nimmt eine solche Entsättigung kaum wahr.

Graphisch deutet sich der "PAL-Trick" schon teilweise in Fig. 5 an,
diese Figur wird in der folgenden Fig. 6 fortgesetzt:

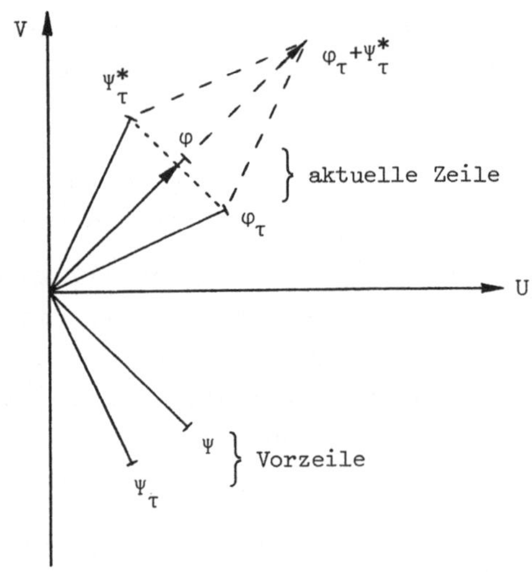


Fig. 6

In der zweiten Aufgabe wurde der Farbfehler einer $\varphi$-Zeile diskutiert.
In analoger Weise kann der Farbfehler der $\psi$-Zeile behandelt werden:
So hat der Farbton des Signales

$$\frac{1}{2}\,(\psi_\tau + \varphi^*_\tau)^*$$

die gewünschte Eigenschaft. Wenn also die V-Komponente der vorher-
gehenden $\varphi_\tau$-Zeile in $\varphi^*_\tau$ umgepolt wurde, muß abschließend noch einmal umgepolt werden, um die richtige Phasenlage zu erhalten.

132

Mit Hilfe von komplexen Größen läßt sich das PAL - Prinzip sehr knapp
darstellen:

*Aufgabe 3:*

> Die Übertragung der zwei Farbdifferenzsignale $U(t)$, $V(t)$ durch
> DSB - Modulation zweier um $\frac{\pi}{2}$ phasenverschobener Trägerschwingun-
> gen läßt sich formal als Übertragung eines *komplexen* Signales
> deuten: Es seien
>
> $$\Phi(\alpha) = U + iV = \sqrt{U^2 + V^2}\; e^{i\alpha} \quad \text{und} \quad \Psi(\alpha) = \overline{\Phi(\alpha)}$$
>
> die *Farbartsignale,* die wir als von $t$ unabhängig betrachten.
> Der *Farbton* ist durch $\frac{V}{U} = \tan\alpha$ bestimmt. Im Multiplexsignal
> wird in der $\nu$ - ten Bildzeile das komplexe Farbsignal $\Phi$ und in
> der $(\nu + 1)$ - ten Bildzeile (PAL - Zeile) das konjugiert komplexe
> Farbsignal $\Psi$ übertragen ($\nu$ ungerade). Auf dem Übertragungsweg
> Sender - Empfänger können Laufzeitverzögerungen $\tau$ auftreten.
> Diese Laufzeitverzögerungen verursachen störende Farbverfälschun-
> gen auf dem Bildschirm.
>
> a) Man zeige, daß sich die *gestörten* Signale
>
> $$\Phi_\varepsilon = \Phi(\alpha - \varepsilon) \quad \text{und} \quad \Psi_\varepsilon = \Psi(\alpha + \varepsilon), \quad \varepsilon = 2\pi\omega\tau ,$$
>
> mit Hilfe einer komplexen Größe $C(\varepsilon)$ darstellen lassen als
>
> $$\Phi_\varepsilon = C(\varepsilon)\Phi(\alpha) , \quad \Psi_\varepsilon = C(\varepsilon)\Psi(\alpha) .$$
>
> b) Bildet man im Empfänger das Signal
>
> $$\frac{1}{2}\,(\Phi_\varepsilon + \overline{\Psi_\varepsilon}) ,$$
>
> erhält man das *ungestörte* Signal $\Phi$ in abgeschwächter Form
> zurück.

Die komplexen Größen $\Phi_\varepsilon, \Psi_\varepsilon$ und $\overline{\Psi_\varepsilon}$ entsprechen den reellen Größen
$\varphi_\tau, \Psi_\tau$ und $\Psi_\tau^*$. Man erhält durch einfache Umformungen:

$$\Phi_\varepsilon = \sqrt{U^2 + V^2}\; e^{i(\alpha - \varepsilon)} = e^{-i\varepsilon}\Phi(\alpha)$$

und

$$\Psi_\varepsilon = \overline{\Phi(\alpha + \varepsilon)} = \sqrt{u^2 + v^2}\; e^{-i(\alpha+\beta)}$$

$$= e^{-i\varepsilon}\overline{\Phi(\alpha)} = e^{-i\varepsilon}\Psi(\alpha)\ .$$

Die Drehung um den Winkel $-\varepsilon$ steckt hier im Faktor $e^{-i\varepsilon}$.
Das ungestörte Signal erhält man wie folgt:

$$\frac{1}{2}\,(\Phi_\varepsilon + \overline{\Psi}_\varepsilon) = \frac{1}{2}\,(e^{-i\varepsilon}\Phi(\alpha) + e^{i\varepsilon}\overline{\Psi}(\alpha))$$

$$= \frac{1}{2}\,(e^{-i\varepsilon} + e^{i\varepsilon})\Phi(\alpha) = \cos\varepsilon\ \Phi(\alpha)\,.$$

Die Interpretation ist natürlich die gleiche wie bei der reellen Darstellung: Der Farbton $(\alpha)$ bleibt erhalten, die Farbsättigung wird geringer.

*Literatur:*

Farbfernsehtechnik I, Telefunken – Fachbuch.
Franzis – Verlag, München 1967

# Anhang

## Mathematische Methoden und Begriffe

| Fall | Mathematische Methoden und Begriffe |
|---|---|
| Regenbogen | elementare Geometrie, Differentialrechnung |
| Hobelmaschine | elementare Geometrie, Kurvendiskussion, Taylorentwicklung |
| Auswuchten | Vektoren |
| Kreiskolbenmotor | Parameterdarstellung |
| Tonarm | elementare Geometrie, Differentialrechnung, Minimierung, Newtonverfahren |
| Stereosendungen | Trigonometrie |
| Digitale Tonaufzeichnung | Binärzahlen |
| Berechnung sinus | Trigonometrie, Taylorreihe |
| Herzschlag | qualitative Methoden bei Differentialgleichungen |
| Nervenimpulse | Differentialgleichungen, Stabilität, periodische Lösungen |
| Schwingungsgenerator | Differentialgleichungen, Methode von Van der Pol, Differentialgleichung von Bernoulli, Fourierreihe, Stabilität |
| Frequenzmodulation | Besselfunktionen, Fourierentwicklung, Trigonometrie |
| Verzerrungen | Taylorentwicklung, Fourierentwicklung, partielle Integration |
| Farbfernsehen | Trigonometrie, Koordinatentransformation, komplexe Zahlen |

# Literaturhinweise

a. <u>Einige Bücher zu den mathematischen Methoden</u>:

R. Sauer: Ingenieur-Mathematik, 2 Bände,
        Berlin: Springer 1969/68

G. Aumann: Höhere Mathematik I,II,III.
        Mannheim: Bibliographisches Institut 1970/71

W. Brauch, H.-J. Dreyer, W. Haake: Mathematik für Ingenieure des
        Maschinenbaus und der Elektrotechnik.
        Stuttgart: Teubner 1977

M. Braun: Differentialgleichungen und ihre Anwendungen.
        Berlin: Springer 1979

W. Jordan, P. Smith: Nonlinear ordinary differential equations.
        Oxford: Clarendon Press 1977

J. Marsden, A. Weinstein: Calculus.
        Menlo Park: Benjamin-Cummings 1980

D.A. Sanchez, R.C. Allen, W.T. Kyner: Differential equations, an
        introduction. Reading: Addison-Wesley 1983

S. Stein: Einführungskurs Höhere Mathematik.
        Braunschweig: Vieweg 1981

H. Tietz: Einführung in die Mathematik für Ingenieure. 2 Bände
        Göttingen: Vandenhoeck 1979/80

R. Sauer, I. Szabó (Hrsg.): Mathematische Hilfsmittel des Ingenieurs.
        4 Bände. Berlin: Springer 1967/69/68/70


b. <u>Bücher zu Anwendungen der Mathematik</u>:

R.S. Anderssen, F.R. deHoog (ed.): The application of mathematics
        in industry. The Hague: Martinus Nijhoff 1982

J.G. Andrews, R.R. McLone: Mathematical modelling.
        London: Butterworths 1976

W.E. Boyce (ed.): Case studies in mathematical modeling.
        Boston: Pitman 1981

D.N. Burghes, M.S. Borrie: Modelling with differential equations.
        Chichester: Ellis Horwood 1981

D. Burghes, I. Huntley, J. McDonald: Applying mathematics:
a course in mathematical modelling.
Chichester: Ellis Horwood 1982

D.N. Burghes, A.D. Wood: Mathematical models in the social, management
and life sciences.
Chichester: Ellis Horwood 1980

N.H. McClamroch: State models of dynamical systems, a case study
approach. New York: Springer 1980

F. Oliveira-Pinto, B.W. Conolly: Applicable mathematics of non-physi-
cal phenomena.
Chichester: Ellis Horwood 1982

# Sachverzeichnis

PAL Farbfernsehen  62, 126, 130f
Parameterdarstellung  24
partielle Ableitung  101
partielle Integration  116f
PCM (siehe pulse code modulation)
Pentode  108
Periode  25
periodisch  66, 84f, 90, 93, 113, 124
Permeabilität  84
Phase  47, 51f, 58, 94, 103, 118f
Phasendiagramm  91, 102
Philippow  58
Pilotton  53f
Planetenbewegung  22, 26f
Pointillist  121
Polarisation  84
Polynom  75
Potenzreihe  17, 69, 95
Primärfarbe  121
proportional  19, 38, 45, 84
Ptolemäus  22
Pulsamplitudenmodulation  60
pulse code modulation  59, 62
Pythagoras  36

quadratische Gleichung  76, 87, 101
Quadrophonie  58
Quantisierung  62, 65

Randmaximum  6, 37
Realteil  73, 87
Rechteckimpuls  113
Reduktion  67f
Regenbogen  1 - 10
Reibungskraft  45
Reihe  17, 109f
relativer Fehler  70
Restglied  70
Reuter  83
Rückkopplung  93
Rundfunk  46, 53